装备维修理论

主编 王 宏
编者 王 宏 汪文峰 赵英俊
　　　张 琳 唐晓兵

西北工业大学出版社
西安

【内容简介】 本书在分析维修理论基本概念的基础上,从定义、指标、模型等方面分别介绍了可靠性与维修性基础理论,从分配、预计、分析及试验等方面详细分析了可靠性与维修性技术理论。

本书可以作为高等院校本科及以下设备维修管理专业相关课程的教材和研究生辅助教材,并可供军队和国防工业的技术人员阅读、参考。

图书在版编目(CIP)数据

装备维修理论 / 王宏主编. — 西安:西北工业大学出版社,2023.3
ISBN 978-7-5612-8677-7

Ⅰ. ①装… Ⅱ. ①王… Ⅲ. ①武器装备-维修 Ⅳ. ①E92

中国国家版本馆 CIP 数据核字(2023)第 087253 号

ZHUANGBEI WEIXIU LILUN

装 备 维 修 理 论
王宏　主编

责任编辑:	刘　婧　朱晓娟	策划编辑:	杨　睿
责任校对:	张　潼	装帧设计:	李　飞

出版发行：西北工业大学出版社
通信地址：西安市友谊西路 127 号　　　邮编：710072
电　　话：(029)88491757,88493844
网　　址：www.nwpup.com
印 刷 者：广东虎彩云印刷有限公司
开　　本：710 mm×1 000 mm　　　1/16
印　　张：7.375
字　　数：136 千字
版　　次：2023 年 3 月第 1 版　　2023 年 3 月第 1 次印刷
书　　号：ISBN 978-7-5612-8677-7
定　　价：42.00 元

如有印装问题请与出版社联系调换

前　言

　　高新科学技术的快速发展及其在装备领域的广泛应用,对高强度、快节奏、强损耗的装备提出了更高的保障要求,其中的可靠性、维修性问题,已经是装备效能保持和持续发挥的关键,也是装备设计、生产以及后续使用关注的重要方面。深入理解并掌握装备可靠性、维修性理论,对于装备工程技术人员、管理人员以及科学研究人员来说,都是基本的要求。本书基于上述情况,为满足高等院校相关专业的教学需求而编写。

　　本书作为教材,主要介绍分析维修基础理论和维修技术理论,并体现不同层次人员的使用需求。本书共 5 章:第 1 章概述,主要介绍维修理论的提出、范畴、思想及其重要性;第 2,3 章分别阐述可靠性基础理论和技术理论;第 4,5 章分别介绍维修性基础理论和技术理论。这些都是工程技术人员或从事装备研制生产的科研人员需要掌握的基础理论,也是贯穿于装备论证、研制、生产、使用整个寿命过程的重要内容。

　　本书是在多年科研实践及有关理论研究基础上编写的,参考并借鉴其他装备维修工程相关教材,结合团队多年教学经验,不断完善、修正、统一、规范内容结构,经过详细讨论后确定章节内容,以保证其科学性、完整性、合理性和一致性。

　　本书的内容由编写团队研讨定稿,王宏、汪文峰、赵英俊、张琳以及唐晓兵全程参与编写过程。全书由王宏主编并统稿,周林、周峰、赵保军、邵雷、姜军对本书的审定做了大量工作。

　　在编写本书的过程中,参阅了相关文献资料,在此对其作者表示衷心的感谢。

　　由于水平有限,书中的不足之处在所难免,恳请读者批评指正。

编　者
2023 年 1 月

目　　录

第1章　概述 …………………………………………………………… 1
　　1.1　维修理论基本概念 ……………………………………………… 1
　　1.2　维修理论的重要性 ……………………………………………… 5
第2章　可靠性基础理论 ………………………………………………… 8
　　2.1　可靠性的概念 …………………………………………………… 8
　　2.2　可靠性的定量要求 ……………………………………………… 12
　　2.3　可靠性模型 ……………………………………………………… 21
　　2.4　软件的可靠性 …………………………………………………… 32
　　2.5　人对系统可靠性的影响 ………………………………………… 34
第3章　可靠性技术理论 ………………………………………………… 37
　　3.1　可靠性分配 ……………………………………………………… 37
　　3.2　可靠性预计 ……………………………………………………… 41
　　3.3　可靠性分析 ……………………………………………………… 44
　　3.4　可靠性试验 ……………………………………………………… 63
第4章　维修性基础理论 ………………………………………………… 73
　　4.1　维修性的概念 …………………………………………………… 73
　　4.2　维修性的定性要求 ……………………………………………… 75
　　4.3　维修性的定量要求 ……………………………………………… 79
　　4.4　维修性的模型 …………………………………………………… 88

  4.5 软件的可维护性 ………………………………………… 91
  4.6 人对系统维修性的影响 ………………………………… 91

第5章 维修性的技术理论 …………………………………………… 92
  5.1 维修性分配 ……………………………………………… 92
  5.2 维修性预计 ……………………………………………… 95
  5.3 维修性分析 ……………………………………………… 99
  5.4 维修性试验 ……………………………………………… 102

参考文献 ……………………………………………………………… 111

第1章 概 述

随着现代科学技术的发展,装备结构越来越复杂,自动化程度越来越高,维修工作从技术操作到组织管理都日益复杂。为适应现代战争的需要,装备的维修已从一般性的技术保障发展成一门专门的技术学科——维修工程学。作为维修工程学的基础,用以指导维修工程实践的相关理论也逐步建立起来。

1.1 维修理论基本概念

1.1.1 维修理论的提出

长期以来,提到装备的维修理论,一般只着眼于具体技术问题的解决。维修工作一般只限于修修补补之类的工艺操作,维修经验的积累也主要靠个人亲身感受和小手工匠式的口传身授,维修工程技术人员所学的技术知识主要是来自专业有关的技术学科和所需的基础学科,再加上所维修装备的构造和原理。按过去的认识,关于装备的维修理论似乎只有这些,并不存在什么专业以外的维修理论。

然而,这种认识既没有反映现代科学技术发展的现实,也不能适应维修工作现代化的需要。随着现代科学技术的发展和现代战争的需要,装备发展日新月异,其系统组成日趋复杂,结构日益精密,功能日渐多样,使用环境也越来越复杂。如何能保证装备更好地发挥性能,保持良好的工作状态,为此对维修工作提出了越来越高的要求,从而促使维修工程技术日益专业化。在现代化条件下,装备维修方面,特别是一些方针性、全局性的问题,绝不是处理好一两个具体维修技术问题就能解决的。例如:如何才能以最少的人力、物力和时间取得最大的维修效果?如何确定最有效的维修指导思想、方针?如何规定最合理的维修制度和维修方式?怎样搞好维修管理和维修质量控制?怎样对故障进行宏观分析,掌握其发生和发展规律?如何在不同情况下对故障进行检测、诊断、排除、验证?怎样针对装备研制和生产中的新技术、新工艺和新材料,发展新的维修技术和方法?等等。所有这些问题按现代化要求,都应当在现代科学技术的基础上,通过理论的研究,用科学的方法解决。

20世纪50年代,可靠性理论研究正式被列为一门学科,维修性研究也有一定的发展。可靠性理论专门研究故障规律(宏观和微观),可以说是一种故障理论。维修性理论则专门研究如何易于发现故障并以合理的费用更换、维修故障件的问题,也可以说是一种维护和修理的理论。这两种理论从不同侧面研究维修这个事物,是维修学科特有的最重要的基础理论。

近二三十年,系统工程学逐渐形成。它的理论和方法对于维修学科的发展有着很大的影响,使装备从设计到使用都考虑可靠性和维修性,使维修管理思想发生新的变化。

上述客观需要与装备实际、理论与实践的结合,使维修工程学科的研究迅速发展,并开展了以维修理论为专门技术学科的系统研究,使之从各门基础学科中脱胎出来,形成一门新的边缘科学理论——维修理论。

维修理论有自己的研究对象——故障和维修,有自己特有的基础理论——可靠性理论和维修性理论,有各种有关技术学科的知识可供吸取,有把各学科知识联系在一起的纽带——维修工程,又有运用数学的条件,而且广大维修人员不断从实际工作中提取素材,不断在实践中验证理论,因此,它是一门独立的综合性的学科。

1.1.2 维修理论的基本范畴

维修理论是一门综合性的学科,但仍处于发展研究之中,因此对它的定义、内容很难给出一个统一的结论。根据相关资料描述,维修理论体系主要包括可靠性理论、维修性理论及维修管理理论等几方面的理论,本书主要介绍前两种。

荷兰人杰瑞尔兹在1970年谈维修理论体系时,曾说过这样的话:"故障率、可靠性、维修性和有效性在构成维修理论的结构骨架方面,有很大的潜在能力。"他还说:"对于维修来说,故障率、可靠性、有效性是最重要的。这是因为它们的数值是可以根据生产推导出来的,还因为维修结果可以用这些特征来测量。"这一观点对于研究维修理论来说很重要。

第1章 概述

1. 可靠性理论

可靠性理论是通过对装备故障现象和失效规律进行分析,从而对其进行预测、检验、控制和综合的一门技术学科,是维修工作中应用得较为广泛且带有基础性的理论,是用概率论和数理统计的方法定量地研究装备可靠性,用以确定维修的时机(周期)、寿命、模式、方法、策略及效果。

2. 维修性理论

维修性本来包含在可靠性之中,广义可靠性是包含维修性的可靠性,后来由于装备日益复杂、昂贵,对装备维修工作的要求越来越高,意义也越来越重大,就引导人们去研究和发展维修性理论。维修性理论所研究的不是具体的技术问题和具体的排除故障的方法,而是利用可靠性理论和其他有关理论,研究检查和排除装备各种故障过程中的一些带有共同性规律性的问题,以便提出合理的维修程序和方法,指导维修工作,并从维修角度对装备的设计部门提出设计准则和要求。

维修性包括可达性、拆装性、检测性、标准化和互换性等。维修性与装备的有效性、经济性和安全性等是直接相关的。维修性强调人-机系统的协调,重视从人的形体量度、感知能力、心理特征、信息处理能力等方面出发来考虑装备的设计,重视工作环境对人的影响以及人对环境的适应性,从而达到使维修工作简便、环境安全和条件适宜。

3. 维修管理理论

维修管理是指为有效地完成维修任务,达到维修目的所进行的组织、计划和控制,也就是把构成维修系统的人、财、物合理地配置和协调起来,明确维修目的和任务,周密地计划,有效地指挥,并按最优方案实施维修,充分而经济地发挥人力、物力、财力的作用,达到既定的维修目的,完成既定的维修任务。

在维修工作中,维修管理占有很大比例。管理的科学性直接关系到维修的有效性、经济性和维修质量,没有现代化的管理,就没有现代化的维修。现代管理科学强调的问题,首先是对于所有要管理的事物要做系统和有秩序的考虑,同时,对这些事物要用严格的数字来进行表示和计算。这就要求把分散、局部的思考方式上升到系统、全面的方式,把定性的思考方式上升到定量的分析方式,从而抛弃主观臆想的、片面的东西,把维修管理建立在客观、全面的科学基础之上。现代管理有两种基本职能：①调节处理维修过程中人员、部门之间的关系；②对维修过程中的各个环节进行预测、计划、组织、调整、检验和核算，保证以最小的维修代价获得最大的维修效果。

1.1.3 维修指导思想

维修指导思想就是组织实施装备维修工作的总的指导思想，是人们对维修目的、维修对象、维修主体和维修活动的总认识，并用这个总认识去指导整个维修工作的实践。

装备的维修思想来源于维修工作的实践。因此，维修思想的研究和确立，必须根据装备具体的情况、维修人员的技术水平、维修手段以及维修环境条件等客观实际情况，同时要立足现在，着眼于发展的精神来确定。检验维修的指导思想正确性，要根据客观维修效果而定，用质量、效率和经济三方面指标综合衡量。有了正确的维修思想作指导，才能确立正确的维修原则，建立高效率的维修体制，才能产生合理的维修方式和相适应的维修手段。因此维修思想的研究和确立，是关系到装备维修工作的重要问题。我们必须在总结自己多年实践经验的基础上，多考虑别人的先进经验，根据实际情况，考虑未来发展，认真分析和研究，确立一个能够加速维修科学化、现代化的维修思想，从而达到用较小的维修代价，换取较大的维修效果。

1."以预防为主"的维修思想

早期，由于装备的设计、制造比较简单，可靠性还没有形成科学的、定量的概念，而是把它跟安全性紧密联系在一起。当时，人们对部件的认识是：部件要工作—工作必磨损—磨损出故障—故障危及安全或影响使用。为了尽可能保证每个部件安全、可靠，要求维修工作应做在出故障之前，从而形成"以预防为主"的维修思想。这种思想的实质，是通过对故障的预防，使装备处于良好的、可靠的状态，完成相应训练任务，并保障安全。这个指导思想从总体上讲是积极的，过去的实践表明它是有效的，今后也将还会有效。不过，随着科学技术的发展、装备的改进、维修技术水平的提高、维修手段的改进以及维修条件的改善，对"预防"应赋予新的内容和途径，要用现代科学技术、掌握维修规律，改进技术指导，加强维修管理，才会使维修工作更加科学和更加有效。

2. "以可靠性为中心"的维修思想

第二次世界大战以后,由于装备性能提高,构造越来越复杂,维修费用随之增高。例如,20世纪50年代美国空军费用的1/3用于维修,全部人员的1/3从事维修。其后,由于在装备设计中采用冗余技术日益增多,可靠性、维修性逐渐提高,同时广泛采用先进的测试仪器设备,加强资料数据的统计分析,更加科学地掌握了部件的使用和故障规律,这些极大地提高了人们对维修工作的认识。人们的新认识是:装备在规定的使用时间和使用条件下,不一定会产生足以影响规定功能的故障,即使出了故障,由于采用冗余技术,也不致危及安全,维修人员的主要责任是控制影响装备可靠性下降的因素,以保持和恢复其固有可靠性;预防维修对随机故障是无效的。基于这种认识的飞跃,产生了"以可靠性为中心"的新的维修指导思想。

这种维修思想是以可靠性理论为基础,以维修对象的可靠性分析为依据,科学地规定维修内容,优选维修时机,划分维修类型,从而设法保持装备的可靠性。这样,就把维修工作建立在科学的基础上,使主、客观更加一致,增强了科学性,减少了盲目性。

"以可靠性为中心"维修思想的提出和实践,在保证维修质量、提高维修效率和降低维修费用等方面,都取得了明显效果,引起了世界各国重视。在现代战争条件下,随着装备的逐步改善,对维修工作的要求越来越高,因此我们要不断总结自己的经验,借鉴国外先进技术,使装备维修思想也有所发展。

1.2 维修理论的重要性

1.2.1 装备维修是军队战斗力的重要组成部分

近几十年来,随着科学技术的高速发展,新装备不断出现,使战争的突然性增大,火力迅猛增强,战争的规模更大,装备的战损率大大增加。据外国军事专家估计,装备的战损率将比第二次世界大战时增大5~7倍。一次战役,装备平均损坏率达30%以上,局部地区甚至达50%以上。因此,从某种意义上讲,战场已变成交战双方装备维修能力和修复率的竞赛场。为了保持和提高部队的战斗力,就不能只重视装备战斗性能的改善,还必须重视装备的可靠性、维修性以及维修能力的提高。这样维修就像装备一样自然成为战斗力的重要组成部分。

▶▶▶ 装备维修理论

在第四次中东战争中，阿拉伯方面共投入坦克近 5 000 辆，损坏坦克 2 000 余辆，修复了近 1 000 辆，约占总损坏数的 1/3；而以色列投入坦克约 2 000 辆，战损 800 余辆，但由于以军把"战场就是补给仓库"这一维修理论作为指导思想，并具有强大的维修力量，在 18 天内，不但修复了 400 余辆，而且还回收与修复阿方坦克 800 余辆。这样，以军的坦克在战争中不但没有减少，反而略有增加，这是以军能得以扭转战争初期被动局势的重要原因之一。而阿方由于装备的零件得不到及时补充，加上技术力量和维修机械不足，战损的坦克和其他装备因不能及时修复而被大量丢弃在战场上，导致战斗力迅速下降，使战争无法继续下去。以色列因维修工作的成功，对夺取战争的胜利起到了重要作用，其维修活动的经验受到各国军事专家的重视。这场战争使人们深刻认识到：从一定意义上来说，未来战争就是交战双方装备的维修能力和修复率的竞赛。因此维修理论是当代军事理论中不可忽视的部分。

2. 研究维修理论可以科学地缩减后期维修费用，提高费用利用效果

以前设计装备的重点是战斗性能。改进战斗性能的结果通常是增加复杂性而降低可靠性，从而增加了维修工作量和装备保障的负担，进一步导致生产、运输、储存的紧张。这种情况在战时尤其容易发生。美国在第二次世界大战期间，各种十分复杂的新技术装备大量出厂，由于那时主要考虑满足战术要求，所以可靠性低，损坏率高，维修能力更差，维修工作量十分巨大。当时美国政府和装备承制的工厂都开办了不少培训机构来训练使用人员与维修人员，但培训速度仍难以满足需要。单从提供维修人员这一点也可以看出，保障负担和维修费用将十分庞大。

装备在服役期间的训练、测试、维修等继生费用，一般要比它的研制生产费高出几倍甚至十几倍。装备现代化程度越高，其继生费用在总经费开支中所占的比例也越大。据外军资料统计，20 世纪 50 年代许多发达国家国防费用的 70% 用于采购，使用和维修费用占 30%；到 60 年代，两者各占其半；到了 70 年代，采购费只占 30%，而使用和维修费却上升到 70%。从这个比值的变化中也能看出研究维修理论，进行费用效果分析的战略价值。

1.2.2 掌握维修理论与方法是搞好科学维修工作的关键

现代局部战争的经验表明，装备维修要适应现代化战争的要求必须实现两方面的现代化，即硬件现代化和软件现代化。硬件现代化是指维修部门应配备先进的维修工具、设备、控制手段和具有先进的维修技术，做到维修快速、

机动；软件现代化就是对维修实现现代化科学管理，即要用维修理论和方法来计划、组织、调节维修工作和训练人才，使维修做到高质量、高效率、低消耗，这样维修才能真正成为军队战斗力的重要组成部分。

从第四次中东战争中以色列的成功经验和埃及、叙利亚的失败教训，我们也可以看到，在未来高技术局部战争中，如果不掌握维修理论和方法，不进行维修改革，维修就难以适应现代战争的要求，就要吃大亏。许多国家的经验也证明，装备维修理论的研究和应用能在较短的时间内就取得显著效果。

第 2 章 可靠性基础理论

2.1 可靠性的概念

2.1.1 可靠性和故障的定义

1. 可靠性(Reliability)

可靠性是指产品在规定的条件下规定的时间内完成规定的功能的能力。在这里,产品是一个非限定性术语,可以是某个系统,也可以是组成系统中的某个部分乃至元器件等。在可靠性定义中"三个规定"是很重要的。

1)规定的功能

可靠性是保证完成规定的功能的质量特性。定义产品的可靠性,首先要定义和规定其功能。如雷达的功能是发现、搜索目标,测出其距离和方位,这是雷达产品的规定功能。许多产品规定的功能并不是单一的,而是多种多样的。显然,工厂制造出来的合格产品本来是具有完成规定功能的能力的,但如果出了故障,就不能完成规定的功能;可靠性就是要产品工作正常,能完成规定功能。但是应当强调:一是规定的功能是指按产品技术文件中规定的功能;二是功能应指规定的全部功能,而不是其中的部分功能,即要注意产品功能的多样性;三是规定功能还应包括故障或完成功能的判断准则。比如,雷达的测量误差大到什么程度才认为是雷达发生故障?

2)规定的时间

这是可靠性定义中的核心。因为离开时间就无可靠性可言,而规定时间的长短又随产品不同和使用目的的不同而异。例如:火箭系统(成败型系统)要求在几秒或几分钟内可靠地工作;地下电缆、海底电缆系统则要求在几十年内可靠地工作。产品的规定时间,是广义的时间或"寿命单位",它可以是使用小时数(如导弹、雷达等)、行驶公里数(如汽车、坦克等)、射击发数(如枪、炮、火箭发射架等),也可能是储存年月(如战术导弹的储存年限)。

3) 规定的条件

这是产品完成规定功能的约束条件,主要包括产品使用(工作)时所处的环境(指产品工作所处的环境温度、湿度、振动、风、沙、霉菌等)、运输、储存、维修和使用人员的条件等。这些条件对产品可靠性都会有直接的影响,在不同的条件下,同一产品的可靠性也不一样。例如,实验室条件与现场使用条件不一样,它们的可靠性有时可能相近,有时可能相差很大,所以不在规定条件下就失去了比较产品可靠性的前提。

2. 故障或失效(Fault/Failure)

产品不可靠就是出现了故障,因此,研究可靠性与研究故障是密不可分的;同时可靠与故障是对立的,只要掌握了产品故障规律,也就掌握了产品可靠性的规律。

故障是产品或产品的一部分不能或将不能完成预定功能的事件或状态。例如:坦克、汽车开不动,熄火"抛锚了"即出了故障;导弹出故障,发射不出去;车辆发动机漏油;等等。

上述故障的定义是广义的,在有的场合中产品不能执行规定功能的状态(不含预防性维修及缺乏外部资源等情况)称为故障(Fault),而把产品终止完成规定功能能力的事件称为失效(Failure)。

2.1.2 可靠性的分类

1. 基本可靠性与任务可靠性

基本可靠性和任务可靠性,对应于两种剖面。

1) 寿命剖面和任务剖面

剖面是对产品所发生的事件、过程、状态、功能及所处环境的描述。由于事件、过程、状态、功能及所处环境都与时间有关,因此这种描述事实上是一种时序描述。

寿命剖面是指产品从制造到寿命终结或退役这段时间内所经历的全部事件和环境的时序描述。它包含一个或几个任务剖面。寿命剖面说明产品在整个寿命周期经历的事件(如运输、储存、检测、维修、任务剖面等)以及每个事件的持续时间、顺序、环境和工作方式(见图2-1)。

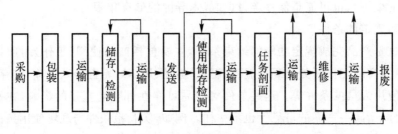

图2-1 寿命剖面内的事件

任务剖面是指产品在完成规定任务这段时间内所经历的事件和环境的时序描述。它包括任务成功或致命故障的判断准则。对于完成一种或多种任务的产品均应制定一种或多种任务剖面。任务剖面一般包括产品的工作状态、维修方案、产品工作的时间顺序、产品所处环境(外加与诱发的)时间顺序。

2)基本可靠性

产品的基本可靠性是在寿命剖面规定的时间内和规定的条件下完成规定任务的能力。

3)任务可靠性

产品的任务可靠性是在任务剖面规定的时间内和规定的条件下完成规定任务的能力。显然,产品的任务可靠性高,表示该产品具有较大的完成规定任务的概率,任务可靠性是产品系统效能的一个因素。

一般情况下,同一产品(或装备)的任务可靠性高于或等于其基本可靠性。

2.固有可靠性与使用可靠性

为了比较产品在不同条件下的可靠性,可将可靠性分为固有可靠性和使用可靠性两种。

1)固有可靠性

固有可靠性是产品在设计、制造过程中赋予的,在理想的使用及维修条件下的可靠性。它也是可靠性的设计基准。对于具体产品,在设计、工艺确定后,其固有可靠性是固定的。

2)使用可靠性

使用可靠性是产品在实际使用过程中呈现出来的可靠性。它包括设计、安装、质量、环境、使用、维修的综合影响。

3. 工作可靠性与储存可靠性

许多军用产品往往是工作时间较短,而储存时间较长,可将可靠性区分为工作可靠性和储存可靠性。

1) 工作可靠性

工作可靠性是产品在工作状态所呈现出的可靠性。例如,飞机的飞行、导弹的发射、雷达开机等是产品工作状态,其工作可靠性常用飞行小时、发射成功率、无故障开机小时量度。

2) 储存可靠性

储存可靠性是产品在不工作状态所呈现出的可靠性。不工作状态包括储存、静态携带(运载)、待机或其他不工作状态,此时尽管产品不工作,但可能由于环境或诱导环境应力等的影响,产品也可能发生故障。例如,导弹、电子产品在储存过程中,由于高温、潮湿造成故障或失效。对枪炮弹药、战术导弹等产品,储存可靠性尤其重要。

2.1.3 产品寿命

产品从开始工作到发生故障前的一段时间 T 称为寿命。由于产品发生故障是随机的,所以寿命 T 是一个随机变量。对不同的产品、不同的工作条件,寿命 T 取值的统计规律一般是不同的。对应产品的两种类型,不可修产品(不能修或不值得修的产品)和可修产品的"寿命"可用图 2-2 表示。

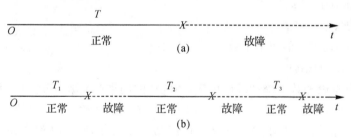

图 2-2 产品状态描述图

(a)不可修产品状态描述;(b)可修产品状态描述

对于不可修产品,寿命指其失效前的工作时间 T,如各种大型电子元器件、固态电源等的使用时间;对于可修产品,寿命指首次故障前工作时间 T_1,或多次故障时间的均值 $\bar{T} = \sum_{i=1}^{n} T_i / n$,$T_i$ 为产品第 i 次故障的工作时间,n 为产品故障次数。

产品寿命中所说的时间是广义时间,其单位称为寿命单位。根据产品寿命度量不同,有不同的寿命单位,如小时(h)、千米(km)、发(枪、炮弹)、次(起飞次数、发射次数)、飞行小时等。

2.2 可靠性的定量要求

2.2.1 可靠性度量函数

1. 可靠度函数

1) 定义

产品在规定的时间 t 内,规定的条件下,完成规定功能的概率称为产品的可靠度函数,简称可靠度,记为 $R(t)$。

设 T 是产品在规定条件下的寿命,则产品的可靠度函数 $R(t)$ 可以看作 "$T>t$" 的概率,即

$$R(t)=P\{T>t\} \qquad (2-1)$$

很明显,这个概率的值越大,说明产品的可靠性越高。

2) $R(t)$ 的性质

(1) $0 \leqslant R(t) \leqslant 1$;

(2) $R(0)=1$;

(3) $R(\infty)=0$;

(4) $R(t)$ 是 t 的非增函数。

3) $R(t)$ 的估计

由概率论和数理统计理论可知,当统计的同类产品数量较大时,概率可以用统计值进行估计。假如在 $t=0$ 时有 N 件产品开始工作,而到 t 时刻,有 $r(t)$ 个产品故障,还有 $[N-r(t)]$ 件产品继续工作,则 t 时刻产品可靠的概率为

$$\hat{R}(t)=[N-r(t)]/N=1-r(t)/N \qquad (2-2)$$

$\hat{R}(t)$ 可以作为 t 时刻可靠度的近似值。

2. 累积故障分布函数

1) 定义

产品在规定的条件下和规定的时间 t 内,丧失规定功能(即发生故障)的概率,称为产品的累积故障分布函数(或不可靠度函数),记为 $F(t)$。

设产品的寿命为 T,t 为规定的时间,则

$$F(t)=P\{T\leqslant t\} \tag{2-3}$$

$F(t)$ 表示在规定的条件下,产品在 t 时刻发生故障的概率。

由于产品故障与可靠是两个对立的事件,则有

$$R(t)+F(t)=1 \tag{2-4}$$

2)$F(t)$ 的性质

(1)$0\leqslant F(t)\leqslant 1$;

(2)$F(0)=0$;

(3)$F(\infty)=1$;

(4)$F(t)$ 是 t 的非减函数。

3)$F(t)$ 的估计

由前面的表述可得

$$\hat{F}(t)=1-\hat{R}(t)=r(t)/N \tag{2-5}$$

3.故障密度函数

1)定义

在规定条件下使用的产品,在 t 时刻后 $\Delta t(\Delta t\to 0)$ 时间内发生故障的概率与时间 $\Delta t(\Delta t\to 0)$ 的比值(h^{-1}),称为产品在 t 时刻的故障密度函数,记为 $f(t)$,即

$$f(t)=\lim_{\Delta t\to 0}\frac{P\{t<T\leqslant t+\Delta t\}}{\Delta t} \tag{2-6}$$

式中:$P\{t<T\leqslant t+\Delta t\}$——产品在区间 $(t,t+\Delta t)$ 内发生故障的概率。

由式(2-6)可进一步得出

$$f(t)=\lim_{\Delta t\to 0}\frac{P\{T\leqslant t+\Delta t\}-P(T\leqslant t)}{\Delta t}=\lim_{\Delta t\to 0}\frac{F(t+\Delta t)-F(t)}{\Delta t}=F'(t) \tag{2-7}$$

2)性质

(1)$\int_0^\infty f(t)\mathrm{d}t=1$;

(2)$f(t)\geqslant 0$。

3)估计

$f(t)$ 也可用统计值来估计,假若 $t=0$ 时刻有 N 个产品开始工作,到时刻

t 有 $r(t)$ 个产品发生故障,到 $t+\Delta t$ 时刻又有 $\Delta r(t)$ 个部件故障,在 $(t,t+\Delta t)$ 时间段产品故障的概率估计值为

$$\frac{\Delta r(t)}{N}=\frac{r(t+\Delta t)-r(t)}{N}$$

即 $(t,t+\Delta t)$ 故障的产品数与所有产品数的比值。

则时刻 t 产品的故障密度近似表示为

$$\hat{f}(t)=\frac{r(t+\Delta t)-r(t)}{N}\times\frac{1}{\Delta t} \qquad (2-8)$$

式中： N——同类产品总数；

Δt——时间区间；

$r(t)$——产品在 $(0,t)$ 内发生的故障数；

$r(t+\Delta t)$——产品在 $(0,t+\Delta t)$ 内发生的故障数；

$\Delta r(t)$——产品在 t 时刻后, Δt 时间内发生的故障数。

例 2-1 对 1 000 个部件进行试验,工作 500 h 时,其中 50 个部件发生故障,又工作 50 h 后,又有 5 个部件发生故障。试求该部件在 $t=500$ h 时的故障密度函数值。

解：由 $f(t)=\dfrac{\Delta r(t)}{\Delta t}\times\dfrac{1}{N}$ 得

$$f(500)=\frac{5}{50\ \text{h}}\times\frac{1}{1\ 000}=10^{-4}(\text{h}^{-1})$$

例 2-2 100 个某种部件在相同条件下进行寿命试验,每工作 10 h 统计 1 次,得到结果见表 2-1,估计该部件在各检测点的故障分布函数值 $F(t_i)$ 及故障密度函数值 $f(t_i)$,并用曲线描述其变化规律。

表 2-1 部件寿命试验统计表

正常部件数	100	95	80	54	37	24	15	10	7
工作时间数	0	100	200	300	400	500	600	700	800

解：由式(2-5)及式(2-8)可得

$$F(t_i)\approx\frac{r(t_i)}{N}$$

$$f(t_i)\approx\frac{r(t_{i+1})-r(t_i)}{t_{i+1}-t_i}\times\frac{1}{N}=\frac{\Delta r(t_i)}{\Delta t_i}\times\frac{1}{N}$$

由题可知,$N=100$,$\Delta t=100$,根据上述两式计算可得结果,见表 2-2。

表 2-2　计算结果表

序号	t_i	$\Delta r(t_i)$	$r(t_i)$	$F(t_i)$	$f(t_i)/h^{-1}$
0	0	5	0	0	5×10^{-4}
1	100	15	5	0.05	15×10^{-4}
2	200	26	20	0.20	26×10^{-4}
3	300	17	46	0.46	17×10^{-4}
4	400	13	63	0.63	13×10^{-4}
5	500	9	76	0.76	9×10^{-4}
6	600	5	85	0.85	5×10^{-4}
7	700	3	90	0.90	3×10^{-4}
8	800		93	0.93	

由表 2-2 可描述出 $F(t)$ 和 $f(t)$ 的规律曲线如图 2-3 所示。

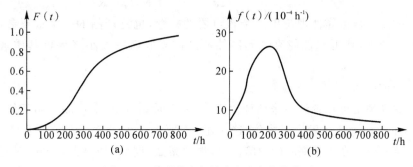

图 2-3　故障分布与故障密度变化规律图

4. 故障率函数

1）定义

产品正常工作到时刻 t,在其后 $\Delta t(\Delta t\to 0)$ 时间内发生故障的条件概率与时间 $\Delta t(\Delta t\to 0)$ 的比值(h^{-1}),称为产品在时刻 t 的故障率函数,记为 $\lambda(t)$。

设 T 是产品在规定条件下的寿命,t 为规定时间,则"$T>t$"事件表示"产品在区间内能完成规定功能"或"产品正常工作到 t";"$t<T\leqslant t+\Delta t$"事件表

示"产品在区间$(t, t+\Delta t]$内发生故障"。于是产品正常工作到 t 时刻,在$(t, t+\Delta t]$内发生故障的概率是条件概率,表示为

$$P\{t<T\leq t+\Delta t \mid T>t\}$$

上式除以 Δt 后,就得到产品在$(t, t+\Delta t]$内的平均故障率(h^{-1});当 $\Delta t \to 0$ 时,就成为产品在 t 时刻的瞬时故障率(h^{-1})(简称故障率),则有

$$\lambda(t) = \lim_{\Delta t \to 0} \frac{P\{t<T\leq t+\Delta t \mid T>t\}}{\Delta t} \tag{2-9}$$

由条件概率公式可得

$$P\{t<T\leq t+\Delta t \mid T>t\} = P\{t<T\leq t+\Delta t\}/P\{T>t\}$$

$$P\{t<T\leq t+\Delta t \mid T>t\} = \frac{P\{T\leq t+\Delta t\} - P\{T\leq t\}}{P\{T>t\}} =$$

$$\frac{P\{T\leq t+\Delta t\} - P\{T\leq t\}}{R(t)} = \frac{F(t+\Delta t) - F(t)}{R(t)}$$

故

$$\lambda(t) = \lim_{\Delta t \to 0} \frac{F(t+\Delta t) - F(t)}{R(t)} \times \frac{1}{\Delta t} =$$

$$\lim_{\Delta t \to 0} \frac{F(t+\Delta t) - F(t)}{\Delta t} \times \frac{1}{R(t)} = \frac{f(t)}{R(t)} \tag{2-10}$$

故障率是可靠性理论中一个很重要的概念,也是产品的一个重要参数。故障率越小,其可靠性越高。元器件就是按其故障率大小来评价其质量等级的。

2)估计

故障率也可用统计值来估计。假若 $t=0$ 时刻有 N 个产品开始工作,到时刻 $r(t)$ 个产品发生了故障,这时还有$[N-r(t)]$个产品还在继续工作;为了研究产品在 t 时刻后的故障情况,再观察 Δt 时间,如果在 $t+\Delta t$ 时间内又有 $\Delta r(t)$ 个部件故障,那么在 t 时刻尚未发生故障的$[N-r(t)]$个产品继续工作,其在$(t, t+\Delta t)$内故障的概率估计值为 $\Delta r(t)/[N-r(t)]$,则时刻 t 产品的故障率近似表示为

$$\hat{\lambda}(t) = \frac{\Delta r(t)}{N-r(t)} \times \frac{1}{\Delta t} = \frac{r(t+\Delta t) - r(t)}{N-r(t)} \times \frac{1}{\Delta t} \tag{2-11}$$

例 2-3 在 $t=0$ 时,有 100 个部件开始工作,工作 100 h 时,发现有 2 个部件发生故障;又继续工作 10 h,又有 1 个部件发生故障,求 $\lambda(100)$ 和 $f(100)$ 的估计值。

解:由题可知
$$N=100, r(100)=2, \Delta r(100)=1, \Delta t=10 \text{ h}$$

所以
$$\hat{\lambda}(100)=\frac{\Delta r(100)}{\Delta t}\times\frac{1}{100-r(100)}=\frac{1}{10 \text{ h}}\times\frac{1}{100-2}=\frac{1}{980} \text{ h}^{-1}$$

$$\hat{f}(100)=\frac{\Delta r(100)}{\Delta t}\times\frac{1}{100}=\frac{1}{10 \text{ h}}\times\frac{1}{100}=\frac{1}{1\,000} \text{ h}^{-1}$$

$\lambda(t)$和$f(t)$都可以反映产品的故障规律,但是$f(t)$不如$\lambda(t)$灵敏。一般情况下,人们希望,产品工作时间t后部分发生故障,t时刻以后的产品的故障数与还在工作的产品数之比越小越好,这一点$f(t)$是反映不出来的,只有$\lambda(t)$能反映。

3) 故障率的量纲

故障率的单位是时间的倒数,但由于产品的寿命单位不同,其故障率单位也不相同,例如枪的平均故障率为 0.001 发$^{-1}$,它表示这种枪射击 1 000 发子弹大约会发生一次故障。

对于高可靠性的器件,常采用菲特(fit)作为故障率的单位,它的定义为
$$1 \text{ fit}=10^{-9} \text{ h}^{-1}=10^{-6} \text{ kh}^{-1}$$

5. $\lambda(t)$与$R(t)$、$f(t)$与$F(t)$的关系

根据$R(t)$、$F(t)$及$f(t)$的关系,可以推得
$$\lambda(t)=F'(t)/R(t)=f(t)/F(t)=-R'(t)/R(t) \quad (2-12)$$

由式(2-12)可知,已知产品故障分布函数$F(t)$、密度函数$f(t)$或可靠度函数$R(t)$,可以求得故障率函数$\lambda(t)$。

对于式(2-12),对等式两边在$(0,t)$积分,推导可得
$$R(t)=e^{-\int_0^t \lambda(t)\,\mathrm{d}t}$$

$$F(t)=1-R(t)=1-e^{-\int_0^t \lambda(t)\,\mathrm{d}t}$$

$$f(t)=F'(t)=\lambda(t)e^{-\int_0^t \lambda(t)\,\mathrm{d}t}$$

2.2.2 可靠性参数及指标

1. 可靠性参数

可靠性参数是描述产品可靠性的量。根据应用场合不同,又可分为使用可靠性参数和合同可靠性参数。前者是反映产品使用需求的参数,后者是在

合同研制任务书中用以表述订购方对产品可靠性的要求,并且是承制方在研制与生产过程中能够控制的参数。

2.可靠性指标

可靠性指标是对可靠性参数要求的量值。与使用、合同可靠性参数相对应,则有使用、合同可靠性指标。前者是在实际使用保障条件下达到的指标,而后者是在合同规定的理想条件下达到的指标。使用指标的最低要求值称为"门限值",希望达到的值称为"目标值";合同指标的最低要求值称为"最低可接受值",希望达到的值称为"合同值"。

常用可靠性参数如下。

(1)平均寿命(Mean Life)。产品寿命的平均值或数学期望称为该产品的平均寿命,记为 θ,对可修产品又称为平均故障间隔时间(Mean Time Between Fault,MTBF),对不可修产品又称为平均失效时间(Mean Time to Failure,MTTF)。MTBF$\geqslant$1 000 h 即为可靠性指标。

$$平均寿命=某产品总的工作时间/产品总数$$

若产品的故障规律是离散的,则其平均寿命的一般表达式为

$$\theta = \frac{t_1 \Delta N_{F_1} + t_2 \Delta N_{F_2} + \cdots + t_n \Delta N_{F_n}}{N} = \sum_{i=1}^{n} \frac{\Delta N_{F_i}}{N} t_i \qquad (2-13)$$

式中: t_i ——产品故障时所在时间区间的中值;

ΔN_{Fi} ——时刻 t_{i-1} 到 t_i 的发生故障的产品数量。

若产品的故障规律是连续的,由数学期望及极限的定义,当 $n \to \infty$,$\Delta t_i \to 0$ 时,数学期望 $E(T)$ 即为产品平均寿命。假设产品的故障密度函数为 $f(t)$,则该产品的平均寿命即 T 的数学期望为

$$\theta = E(T) = \lim_{\substack{n \to \infty \\ \Delta t_i \to 0}} \sum_{i=1}^{n} t_i f(t_i) \Delta t_i = \int_0^\infty t f(t) \mathrm{d}t \qquad (2-14)$$

将 $f(t) = -\mathrm{d}R(t)/\mathrm{d}t$ 代入式(2-14),得

$$\theta = \int_0^\infty (-t) \mathrm{d}R(t) = -t R(t) \big|_0^\infty + \int_0^\infty R(t) \mathrm{d}t$$

又因为 $R(0)=1, R(\infty)=0$,所以 $\theta = \int_0^\infty R(t) \mathrm{d}t$。

这个结论从数学角度讲,就是产品可靠工作时间 t 在 $(0,\infty)$ 的均值是其平均寿命。

若产品的寿命服从故障率为 λ 的指数分布,即其故障密度函数为 $f(t)=$

$\lambda \mathrm{e}^{-\lambda t}$,可靠度函数 $R(t)=\mathrm{e}^{-\lambda t}$,则 $\theta=\int_0^\infty R(t)\mathrm{d}t=\int_0^\infty \mathrm{e}^{-\lambda t}\mathrm{d}t=1/\lambda$,即产品故障率为常数时,产品的平均寿命与故障率互为倒数。

平均寿命表明产品平均能工作多长时间(或其他寿命单位),如雷达的平均故障间隔时间、车辆的平均故障间隔里程、枪炮的平均故障间隔发数等。

(2)可靠寿命 t_r(Reliable Life)。假设产品的可靠度函数为 $R(t)$,则可靠度等于给定值 r 的时间 t_r,称为可靠寿命。其中,r 称为可靠水平,并满足 $R(t_r)=r$。

特别地,$r=0.5$ 的可靠寿命称为中位寿命。

(3)使用寿命(Using Life)。使用寿命指的是产品从制造完成到出现不可修复的故障或不能接受的故障率时的寿命单位数(小时、千米、发数等)。

(4)平均修复间隔时间(Mean Time Between Repair,MTBR)。平均修复间隔时间指的是在规定的时间内,产品寿命单位总数与该产品进行修复总次数之比,不包括改进产品进行的修复。

(5)平均故障间隔时间(Mean Time Between Fault,MTBF)。该参数用于可修复产品,前面已经介绍过,这里不再细述。

2.2.3 产品寿命分布

寿命分布是可靠性工程应用和可靠性研究的基础。寿命分布的类型有很多种,不同的寿命分布适应于不同故障机理的产品,它与产品的故障机理、故障模式以及施加的应力类型有关,可以根据产品故障机理分析和现场试验及运行数据拟合,从而推导出其寿命分布类型。

1. 寿命分布的作用

产品故障的发生或寿命终结是随机的,因此,对一种产品的寿命要用寿命分布函数(或故障分布函数)进行描述。知道了产品的寿命分布,可以从其分布预测产品故障发生的规律,便于合理地使用、维修和进行保障,其意义是重大的。

2. 常用的寿命分布

某一类型的寿命分布适用于具有相似故障机理的某些产品,而产品的寿命分布与其施加的应力、内部结构、物理及力学性能等有关。

多数产品寿命需要用到连续型随机变量的概率分布,常用的有指数分布、正态分布及威布尔分布等。有些产品则以工作次数、循环周期数等作为其寿命单位,例如开关的开关次数,这时可以用离散型随机变量的概率分布函数来描述其寿命分布规律,如二项分布、泊松分布等。

1)指数分布

指数分布是一种很重要的寿命分布,电子产品的寿命和复杂系统的故障规律均可用指数分布来描述,其特点是故障率恒定。其故障密度函数为

$$f(t)=\lambda e^{-\lambda t}$$

式中:λ——产品故障率,为常数(单位为 h^{-1})。

2)正态分布

正态分布主要适用于飞机轮胎磨损及某些机械产品的寿命描述。

其故障密度函数为

$$f(t)=\frac{1}{\sigma\sqrt{2\pi}}\exp\left[-\frac{(t-\mu)^2}{2\sigma^2}\right]$$

式中:μ——均值;

　　σ——标准差,$\sigma=1$,$\mu=0$ 时为标准正态分布。

3)威布尔分布

威布尔分布主要适用于继电器、电位计、电动机、蓄电池及陀螺等寿命描述。

其故障密度函数为

$$f(t)=\frac{m}{\eta}\left(\frac{t-\gamma}{\eta}\right)^{m-1}\cdot\exp\left[-\left(\frac{t-\gamma}{\eta}\right)^m\right]$$

式中:m——形状参数;

　　η——尺度参数;

　　γ——位置参数,一般取 0。

4)二项分布

二项分布适用于用离散数据表示的产品寿命描述。

其故障密度函数为

$$f(x)=C_n^x p^x(1-p)^{n-x},x=1,2,\cdots,n$$

5)泊松分布

泊松分布适用于用离散数据表示的产品的寿命描述。

其故障密度函数为

$$f(x)=\frac{\lambda^x e^{-\lambda}}{x!},x=1,2,\cdots,n$$

2.3 可靠性模型

2.3.1 基本概念

在讨论产品可靠性时,要从系统的角度研究各组成部分与整体的关系,建立系统可靠性与各个组成元素可靠性的关系,从而建立可靠性模型,以便进行可靠性分配、预计以及相应的可靠性设计及评定等工作。

可靠性模型是指为分配、预计或估算产品的可靠性所建立的可靠性框图和数学模型,用以表达系统与组成单元的可靠性函数或参数之间的关系。

可靠性框图是表示系统与各单元功能状态之间的逻辑关系的图形。它是针对复杂产品的一个或一个以上的功能模式,用方框表示系统各组成部分的故障或它们的组合与系统故障的逻辑图。可靠性框图一般由方框和连线组成,方框代表系统的组成单元,连线则表示各单元之间的功能逻辑关系,所有连接方框的线没有可靠性值,不代表与系统有关的导线和连接器。

为简化分析,需要设定如下理想条件:
(1)系统或单元仅有"正常"和"故障"两种状态。
(2)各单元的状态均相互独立,即不考虑各单元的相互影响。
(3)系统的所有输入在规定范围内,即不考虑由于输入错误引起的系统故障情况。

2.3.2 串联系统

1. 定义

组成系统的所有单元中,任何一个单元故障均会导致整个系统故障(或所有单元均能完成指定功能,系统才能完成规定功能)的系统称为串联系统。

2. 可靠性框图

由 n 个单元组成的串联系统,其可靠性框图如图 2-4 所示。

图 2-4 串联系统可靠性框图

例 2-4 试画出 L-C 振荡回路的可靠性框图。

L-C 振荡电路如图 2-5(a)所示，要完成振荡功能，电感单元 L 和电容单元 C 必须同时正常工作，其中任何一个发生故障均会使系统发生故障，符合串联系统定义，其可靠性框图是串联形式，如图 2-5(b)所示。

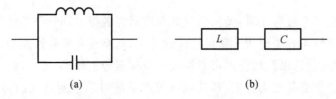

图 2-5 L-C 振荡电路
(a)L-C 电路图；(b)L-C 振荡电路可靠性框图

很明显，L-C 振荡电路的物理关系是并联形式，但其功能关系是串联形式。因此，系统的物理关系和功能关系是有区别的，不能简单地认为物理关系就是功能关系。以下几点要特别注意：

(1)系统可靠性框图和系统的物理结构图可能有很大的差异。

(2)同一系统，规定任务不同，其可靠性框图不同。

(3)同一系统，规定任务是否完成的判定依据不同，其可靠性框图也不同。

3. 数学模型

组成串联系统的 n 个单元中，只要有一个发生故障，系统就发生故障，所以其寿命 T 是所有串联单元寿命 T_i 中的最短寿命，即 $T=\min_{i}(T_i)$。根据系统可靠性的定义，可得 $R(t)=P(T>t)$，则

$$R_S(t) = P\{\min(T_1, T_2, \cdots, T_n) > t\} = P(T_1>t, T_2>t, \cdots, T_n>t)$$

由于各单元之间相互独立，且 $R_i(t)=P(T_i>t)$，因此可得

$$R_S(t) = R_1(t)R_2(t)\cdots R_n(t) = \prod_{i=1}^{n} R_i(t) \tag{2-15}$$

当第 i 个单元的故障率函数为 $\lambda_i(t)$，$i=1,2,\cdots,n$ 时：

因为
$$\lambda_i(t) = -R'_i(t)/R_i(t)$$

可得
$$R_i(t) = e^{-\int_0^t \lambda_i(t)dt}$$

所以
$$R_S(t) = \prod_{i=1}^{n} e^{-\int_0^t \lambda_i(t)dt} = e^{-\int_0^t \{\sum_{i=0}^n \lambda_i(t)\}dt} = e^{-\int_0^t \lambda_S(t)dt}$$

从而可得

$$\lambda_S(t) = \sum_{i=1}^{n} \lambda_i(t) \qquad (2-16)$$

特别地:若各单元寿命服从指数分布,即 $\lambda_i(t)=\lambda_i, i=1,2,\cdots,n$,则 $\lambda_S(t)=\sum_{i=1}^{n}\lambda_i$;若 $\lambda_i=\lambda, i=1,2,\cdots,n$,则 $R_S(t)=e^{-n\lambda t}$,$\lambda_S=n\lambda$,$\theta_S=1/n\lambda$。

由上述公式可以得出提高串联系统可靠度的途径如下:
(1)提高各单元的可靠性,即降低各单元的故障率。
(2)在满足功能需求的前提下,减少串联单元个数。
(3)在满足任务需要的条件下,缩短工作时间。

2.3.3 并联系统

1.定义

组成系统的所有单元中,所有单元均故障才会导致整个系统故障(或只要有一个单元能完成指定功能,系统就能完成规定功能)的系统称为并联系统。

2.可靠性框图

由 n 个单元组成的并联系统,其可靠性框图如图 2-6 所示。

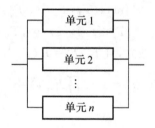

图 2-6 并联系统可靠性框图

例 2-5 画出由导管及 2 个阀门组成的流体系统的可靠性框图。

该流体系统的物理结构如图 2-7 所示,要实现对液体的关闭功能,只要有一个阀门正常关闭,就可以完成,符合并联系统的定义,其可靠性框图如图 2-8 所示。

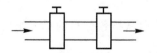

图 2-7 某流体系统物理结构图

图 2-8 某流体系统可靠性框图(并联、阀门关闭)

若要实现流通液体的功能,则两个阀门同时打开,才能完成,又符合串联系统的定义,其可靠性框图如图 2-9 所示。所以同样的系统,在完成不同的功能时,其可靠性框图可能是不同的,这是需要特别注意的地方。

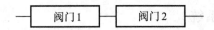

图 2-9 某流体系统可靠性框图(串联、阀门开启)

3. 数学模型

组成并联系统的 n 个单元中,所有单元均发生故障,系统才发生故障,所以其寿命 T 是所有并联单元寿命 T_i 中的最长寿命,即 $T=\max_i(T_i)$。根据系统可靠性的定义,可得 $F(t)=1-R(t)=1-P(T>t)=P(T\leqslant t)$,则

$$F_S(t)=P\{\max(T_1,T_2,\cdots,T_n)\leqslant t\}=$$
$$P(T_1\leqslant t,T_2\leqslant t,\cdots,T_n\leqslant t)$$

由于各单元之间相互独立,且 $F_i(t)=P(T_i\leqslant t)$,因此可得

$$R_S(t)=1-F_S(t)=1-\prod_{i=1}^{n}F_i(t)=1-\prod_{i=1}^{n}[1-R_i(t)]$$

(2-17)

若系统的组成单元寿命服从故障率相同的指数分布,即 $\lambda_i(t)=\lambda(i=1,2,\cdots,n)$,则可得

$$R_S(t)=1-(1-e^{-\lambda t})^n$$
$$\lambda_S(t)=-R'_S(t)/R_S(t)=\frac{n\lambda e^{-\lambda t}(1-e^{-\lambda t})^{n-1}}{1-(1-e^{-\lambda t})^n}$$
$$\theta_S=\int_0^\infty R_S(t)\,dt=\int_0^\infty [1-(1-e^{-\lambda t})^n]\,dt=\frac{1}{\lambda}\sum_{i=1}^{n}\frac{1}{i}$$

若系统仅由 2 个寿命服从指数分布的单元组成,故障率分别为 λ_1,λ_2,则可得

$$R_S(t)=1-(1-e^{-\lambda_1 t})(1-e^{-\lambda_2 t})=e^{-\lambda_1 t}+e^{-\lambda_2 t}-e^{-(\lambda_1+\lambda_2)t}$$

第 2 章 可靠性基础理论

$$\lambda_S(t) = -\frac{R'_S(t)}{R_S(t)} = (\lambda_1 + \lambda_2) - \frac{\lambda_1 e^{-\lambda_2 t} + \lambda_2 e^{-\lambda_1 t}}{e^{-\lambda_1 t} + e^{-\lambda_2 t} - e^{-(\lambda_1+\lambda_2)t}}$$

尽管两个单元故障率 λ_1 和 λ_2 均为常数,但由这两个单元组成的并联系统的故障率不再是常数。若两个单元的故障率不同,则其变化规律如图 2-10 所示;若两个单元的故障率相同,则其变化规律如图 2-11 所示。

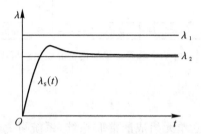

图 2-10 两个单元并联系统故障率与单元故障率关系图($\lambda_1 \neq \lambda_2$)

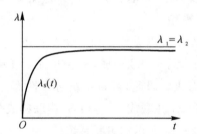

图 2-11 两个单元并联系统故障率与单元故障率关系图($\lambda_1 = \lambda_2$)

通过分析可以得出提高并联系统可靠度的途径如下:
(1)提高各单元的可靠性,即降低各单元的故障率。
(2)在结构方案允许的条件下,增加并联单元个数,但当并联单元个数大于 3 时,其对于系统可靠度的增益将很小。
(3)在满足任务需要的条件下,缩短工作时间。

2.3.4 混联系统

1.定义

由串联系统和并联系统混合而成的系统称为混联系统。

2. 可靠性框图

混联系统的可靠性框图是由其各组成单元的具体串、并联模式决定的,所以可能有多种形式。图 2-12 所示是一种典型的混联系统可靠性框图。

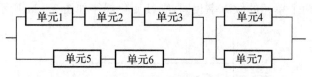

图 2-12 由 7 个单元组成的典型混联系统可靠性框图

3. 数学模型

对于由若干个独立单元组成的混联系统,系统可靠度计算可以从系统最小局部(单元间的单一串联或单元间的单一并联)开始,逐步迭代到系统,每一步迭代所需要的公式仅为串、并联公式。下面以图 2-12 所示可靠性框图为例,推导其可靠性数学模型。

图 2-12 所示系统 S 可以看成是由 3 个分系统 S_1,S_2 和 S_3 构成。其中 S_1 由单元 1、单元 2 及单元 3 串联而成,S_2 由单元 5 和单元 6 串联而成,S_3 由单元 4 和单元 7 并联而成。因此,可将系统可靠性框图简化等效如图 2-13 所示,再将图中的 S_1 和 S_2 并联成 S_4 再与 S_3 串联构成分系统,则系统可靠性框图最终等效为如图 2-14 所示的串联系统。

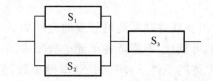

图 2-13 由 S_1,S_2 和 S_3 组成的等效可靠性框图

图 2-14 由 S_4 和 S_3 组成的等效可靠性框图

由串、并联系统定义可得

$$R_S(t) = R_{S_4}(t) R_{S_3}(t)$$

$$R_{S_4}(t)=R_{S_1}(t)+R_{S_2}(t)-R_{S_1}(t)R_{S_2}(t)$$
$$R_{S_3}(t)=R_4(t)+R_7(t)-R_4(t)R_7(t)$$
$$R_{S_1}(t)=R_1(t)R_2(t)R_3(t)$$
$$R_{S_2}(t)=R_5(t)R_6(t)$$
$$R_S(t)=[R_1(t)R_2(t)R_3(t)+R_5(t)R_6(t)-R_1(t)R_2(t) \cdot$$
$$R_3(t)R_5(t)R_6(t)][R_4(t)+R_7(t)-R_4(t)R_7(t)]$$

4. 混联系统讨论

混联系统有两种特殊情况,一种是单元先并联后串联,且并联的单元数相同,即采用单元冗余,称为附加单元系统,其可靠性框图如图 2-15 所示。

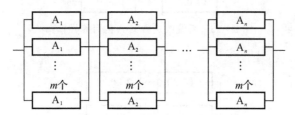

图 2-15　单元冗余系统可靠性框图

假设每个单元的可靠度为 $R_i(t)$,则系统可靠度模型为

$$R_{S_1}(t)=\prod_{i=1}^{n}\{1-[1-R_i(t)]^m\} \tag{2-18}$$

另一种是单元先串联后并联,且串联的单元数和单元类型相同,即采用系统冗余,其可靠性框图如图 2-16 所示。

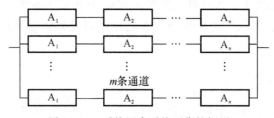

图 2-16　系统冗余系统可靠性框图

假设每个单元的可靠度为 $R_i(t)$,则系统可靠度模型为

$$R_{S_2}(t)=1-[1-\prod_{i=1}^{n}R_i(t)]^m \tag{2-19}$$

例 2 - 6 一个系统由两个独立单元组成,如图 2 - 17 所示,某时刻各单元可靠度分别为 0.8 和 0.9。

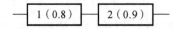

图 2 - 17　两个独立单元组成的串联系统

为提高系统可靠度,选取两种方案,方案 A:采用单元冗余,如图 2 - 18 所示;方案 B:采用系统冗余,如图 2 - 19 所示。

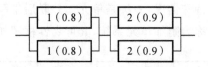

图 2 - 18　系统改进方案 A 的可靠性框图

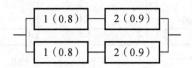

图 2 - 19　系统改进方案 B 的可靠性框图

方案 A,系统在某时刻的可靠度为
$$R_A = [1-(1-0.8)^2] \times [1-(1-0.9)^2] = 0.9504$$
方案 B,系统在某时刻的可靠度为
$$R_B = 1-(1-0.8 \times 0.9)^2 = 0.9216$$
两种方案采用了相同的单元类型和数量,均提高了系统可靠度,但方案 A 优于方案 B,即在低层次设置冗余比在高层次设置冗余更有利于提高系统可靠度。

2.3.5　储备系统

储备系统是把若干个单元作为备份,且可以代替工作中失效的单元工作,以提高系统的可靠度。常见的有冷储备、热储备和温储备。热储备系统是指所有的储备单元与工作单元一起工作,相当于在储备期间的故障率和工作时的故障率相同(并联系统是热储备系统的一种特殊情况);冷储备系统是指储备单元在储备过程中不工作不失效,储备期的长短对其寿命没有影响;温储备系统是指储备单元在储备过程中会发生故障,但它的故障率小于工作时单元的故障率,即介于热储备系统和冷储备系统之间。

在后两种储备系统中,需要转换开关启动储备单元代替工作,因此转换开关工作是否可靠,也将影响储备系统的可靠度。本书重点介绍冷储备系统。

1. 定义

组成系统的$(n+1)$个单元,其中 1 个单元工作,其他 n 个单元都作冷储备,在工作单元失效后,1 个储备单元代替工作,直至$(n+1)$个单元均失效时,系统才失效,这样的系统称为冷储备系统。

2. 可靠性框图

由$(n+1)$个单元组成的冷储备系统,其可靠性框图如图 2-20 所示。

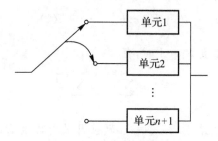

图 2-20 冷储备系统可靠性框图

3. 数学模型

假设单元 i 的寿命为 T_i,转换开关的可靠度为 R_d,则由冷储备系统的工作方式可知,该系统的寿命 T 为各单元寿命与转换开关可靠度乘积之和,即

$$T = T_1 R_d + T_2 R_d + \cdots + T_i R_d + \cdots + T_{n+1} R_d$$

$$R_S^{R_d}(t) = P\{T_1 R_d + T_2 R_d + \cdots + T_i R_d + \cdots + T_{n+1} R_d > t\} =$$
$$1 - P\{T_1 R_d + T_2 R_d + \cdots + T_i R_d + \cdots + T_{n+1} R_d \leqslant t\}$$

由概率论统计可知,$P\{T_1 R_d + T_2 R_d + \cdots T_2 R_d + \cdots + T_{n+1} R_d \leqslant t\}$是联合概率分布,可以用卷积公式计算,即

$$P\{T_1 R_d + T_2 R_d + \cdots + T_i R_d + \cdots + T_{n+1} R_d \leqslant t\} = F_S^{R_d}(t) =$$
$$F_1^{R_d}(t) \cdot F_2^{R_d}(t) \cdot \cdots \cdot F_i^{R_d}(t) \cdot \cdots \cdot F_{n+1}^{R_d}(t) =$$
$$\int_{-\infty}^{t} \int_{-\infty}^{t-t_1} \cdots \int_{-\infty}^{t-(t_1+t_2+\cdots+t_n)} f_1(t_1) f_2(t_2) \cdots f_{n+1}(t_{n+1}) \mathrm{d}t_1 \mathrm{d}t_2 \cdots \mathrm{d}t_{n+1}$$

式中：$F_i(t)$——单元 i 的故障分布函数；

$f_i(t_i)$——单元 i 的故障密度函数；

*——表示卷积。

如果组成系统的单元寿命服从故障率为 λ_i 的指数分布，即 $R_i(t) = e^{-\lambda_i t}$，则 $R_i^{R_d}(t) = R_d e^{-\lambda_i t}$，$f_i(t) = R_d \lambda_i e^{-\lambda_i t}$，可得

$$R_S^{R_d}(t) = \sum_{i=0}^{n} \frac{(\lambda_i t R_d)^i}{i!} e^{-\lambda_i t} \qquad (2-20)$$

当各单元故障率 $\lambda_i = \lambda_0$ 时，有

$$\theta_S^{R_d} = \int_0^{\infty} R_S^{R_d}(t)dt = \int_0^{\infty} \sum_{i=0}^{n} \frac{(\lambda_0 t R_d)^i}{i!} e^{-\lambda_0 t} =$$

$$\frac{1}{\lambda_0}(1 + R_d + R_d^2 + \cdots + R_d^n) \qquad (2-21)$$

当转换开关可靠度 $R_d = 1$ 时，有

$$\theta_S^{R_d} = \sum_{i=1}^{n+1} \theta_i = \sum_{i=1}^{n+1} \frac{1}{\lambda_i} \qquad (2-22)$$

特别地：当各单元故障率 $\lambda_i = \lambda_0$，转换开关可靠度 $R_d = 1$ 时，$\theta_S^{R_d} = \frac{n+1}{\lambda_0}$；

当各单元故障率 $\lambda_i = \lambda_0$，转换开关可靠度 $R_d \neq 1$ 时，$\theta_S^{R_d} = \frac{1}{\lambda_0}\left(\frac{1-R_d^n}{1-R_d}\right)$。

例 2-7 有 3 台同型单元组成一个冷储备系统。已知各单元寿命服从指数分布，且 $\lambda = 0.001 \text{ h}^{-1}$，转换开关可靠度为 1，试求该系统工作 100 h 的可靠度。

解：由题意，有 $\lambda = 0.001 \text{ h}^{-1}$，$t = 100 \text{ h}$，$n = 2$，$\lambda t = 0.1$，可得

$$R_S(100) = \sum_{i=0}^{2} \frac{(0.1)^i}{i!} e^{-0.1} = 0.999\,845$$

2.3.6 $K/n(G)$ 表决系统

1. 定义

组成系统的 n 个单元中，只要有 K（包括 K）个以上单元正常，则系统正常，把这样的系统称为"n 中取 K 好（K out of n: Good）表决系统"，记为 $K/n(G)$

系统。

可靠性框图如图 2-21 所示。

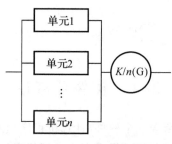

图 2-21 $K/n(G)$ 表决系统

2. 数学模型

假设各单元寿命分布相同,且相互独立,即 $R_i(t)=R(t)$,其中 $i=1,2,\cdots,n$,可得系统的可靠度为

$$R_S(t)=\sum_{i=k}^{n}C_n^i R_i(t)[1-R(t)]^{n-i} \qquad (2-23)$$

当各单元寿命服从故障率为 λ 的指数分布时,系统可靠度为

$$R_S(t)=\sum_{i=k}^{n}C_n^i e^{-i\lambda t}[1-e^{\lambda t}]^{n-i}$$

系统平均寿命为

$$\theta_S=\int_0^\infty R_S(t)\,dt=\sum_{i=k}^{n}\frac{1}{i\lambda}$$

例 2-8 某型 20 管火箭炮系统,要求 20 个同型定向器中有 12 个同时工作才能达到火力密度要求,定向器寿命服从故障率 $\lambda=0.00105$ 发$^{-1}$ 的指数分布,任务寿命是 100 发,试求在任务期间内,该火箭炮系统正常工作的概率。

解:该火箭炮系统可以看成是 $K/n(G)$ 表决系统,其中 $K=12,n=20$,$\lambda=0.00105$ 发$^{-1}$,$t=100$ 发。

定向器寿命服从指数分布,其发射 100 发炮弹的可靠度为

$$R_i(100)=e^{-\lambda t}=e^{-0.00105\times 100}\approx 0.9$$

20个定向器在保证火力密度的同时,发射100发炮弹的可靠度为

$$R_S(t) = \sum_{i=12}^{20} C_{20}^i R_i(100)^i [1-R_i(100)]^{n-i} =$$

$$\sum_{i=12}^{20} C_{20}^i \times 0.9^i \times 0.1^{n-i} \approx 0.99991$$

2.4 软件可靠性

软件可靠性是用以衡量一个软件(计算机程序)和数据质量很重要的一个评价指标。软件可靠性与硬件可靠性有许多相似之处,更有许多差别,这种差别是由于软、硬件故障机理的差异而造成的,因而使软件可靠性在术语内涵、指标选择、设计分析手段以及提高可靠性的方法与途径方面具有其自身的特点。然而,软件可靠性作为一个新的研究领域,理论与实践成果都不尽成熟,还有许多研究与应用的工作有待完善。

2.4.1 基本概念

1. 软件故障及其特征

对于软件的不正常,常用3个术语来描述。

(1)缺陷(Bug):指软件的内在不足。

(2)错误(Error):指缺陷在一定环境下暴露,导致软件运行中出现可感知的不正常、不正确和不按规范执行的状态。

(3)故障(Fault):指由于对错误未做出任何纠正而导致软件的输出不满足预定的要求。

缺陷可能导致错误并造成系统故障,因此,缺陷是一切错误的根源。但发生过故障的软件通常仍然可以使用。只有当软件频繁发生故障或被认为不能满足当前需要时,软件才被废弃,寿命终结。

有缺陷的软件只有在特定条件下才会导致错误,在一般情况下是能够正常运行的。软件的缺陷一般有以下几个特征。

(1)固有性:软件一旦有缺陷,它将一直存在于软件之中,直到它被发现和改正。在一定环境中运行正确的软件,只要存在的缺陷没有导致错误并引发故障,它将始终保持正常运行的状态。

(2)敏感性:有缺陷的软件只有在一定的条件下执行或特定的环境中运行才会出现错误或异常,一旦条件或环境发生变化,软件则有可能完成正常的运

行,即软件缺陷对执行条件和运行环境是十分敏感的。

(3)传递性:存在缺陷的软件在运行过程中会导致错误,错误如果不被发现或改正,它会参与后续处理过程,并一直存在下去,直至导致故障的发生。

2. 定义

软件可靠性是指软件在规定的条件下、规定的时间周期内执行所要求功能的能力。软件可靠性同样可以用可靠度来度量,受软件输入、运行环境及软件本身缺陷的影响。

规定的条件是指软件的运行(使用)环境,它涉及软件运行所需要的一切支持的软、硬件系统及有关因素。规定的时间是软件开始运行到软件运行结束(或软件寿命终止)的所有时间。规定的功能是指软件要求或说明书上规定的全部功能。

2.4.2 提高软件可靠性的途径

提高软件可靠性的根本途径是减少软件缺陷,开展软件工程研究。除此之外,还应做到以下几个方面。

1. 严格软件的配置管理

软件的配置管理能标识和确定软件系统中的配置项,在其整个寿命周期内控制这些项目的投放与更改,记录并报告配置和更改要求,验证配置项的完整性和正确性,最终完成软件的配置标识、配置控制、配置记录和配置审核等4项任务。

2. 实现软件的标准化

对硬件来说,其标准化程序越高,其质量与可靠性也越高;软件也一样,这就要求软件的标准件应由国家至少是业务部门来组织生产,以保证软件的质量与可靠性。

3. 制定软件的可靠性设计准则

实践证明,总结国内外,特别是本部门、单位的成功或失败的经验教训,制定并贯彻产品可靠性设计准则是提高软件产品可靠性的根本手段。

4. 开展软件的设计评审

软件也应像硬件一样建立严格的设计评审制度,使之成为把好软件质量关的重要手段。为了防止软件可靠性设计评审形式化,要制定"软件可靠性设计评审检查表",并按检查表逐项评审,明确软件是否按可靠性设计准则设计。

2.5 人对系统可靠性的影响

装备或设备的使用都是由人来完成的,因此,人与装备或设备的可靠性关系非常密切。研究表明,系统故障中很大一部分(10%~15%)是由人为差错导致的。随着装备精细化和复杂程度的不断提高,人对系统可靠性的影响将越来越大。

如果在装备设计和研制阶段就重视人对装备可靠性的影响,并对其进行分析,在设计中给予适当考虑,就可以减少人对可靠性的影响,从而提高系统的可靠性。

2.5.1 基本概念

研究人对系统可靠性的影响,实质上主要是研究人的可靠性问题。与此有关的基本概念如下。

1. 人的可靠性

这是指在系统运行的任一阶段,在规定的时间内,人能够准确执行相应操作,并成功完成规定工作或任务的能力。

2. 人为差错

人未能完成规定任务(或者执行了禁止任务),可能导致任务中断或系统故障甚至损坏。

2.5.2 人为差错分析

人的可靠性问题主要是人为差错,这种差错可能发生在装备试验、操作、训练、维修、储运等不同场合。

1. 人为差错原因

出现人为差错的原因主要有主观和客观两方面。主观原因:①相关人员缺少必要的训练和技能;②相关人员的心理素质不高,在忧虑、恐惧、愤怒、激动以及其他心理不稳定情况下可能出现差错。客观原因主要有:①装备设计缺陷、工作环境条件差、配套工具不合理;②操作手册编写有误或管理问题等。

2. 人为差错后果

人为差错的后果对不同装备或同一装备的不同任务可能是不同的,其对装备使用造成的后果从轻到重可以分为以下3种类型:①装备可以正常使用,相关指标下降;②装备可以限制使用,但相关指标下降严重;③装备损坏或不能正常工作。

3. 人为差错分类

1) 操作错误

操作错误是由人不当操作造成的,几乎所有的操作错误都是在使用现场的环境中发生的。

2) 装配错误

装配错误是由人引起并发生在装备装配时,其原因可能是装配人员主观失误,也可能是设计装配流程或提供的其他与装配相关的材料存在问题造成的。

3) 检验错误

检验的目的是发现缺陷,但检验并不能100%发现缺陷,没有被发现的缺陷在后续装备使用中可能会导致其他的人为差错。

4) 安装错误

这类错误发生在装备的装配阶段,其原因主要是装配人员大意或没有按照装配图(或按照错的装配图)进行操作。

5) 维修错误

这类错误发生在装备维修或使用现场,其原因主要是进行了不规范的操作或使用了不符合相关要求的部插件。

2.5.3 减少人为差错应注意的几个方面

(1) 设计时,应按照操作人员所处的位置、姿势与使用工具的状态,并根据人体的平均量度,提供适当的操作空间,让人员在操作时有比较合理的身体姿态,避免以跪、卧、蹲、趴以及其他容易导致疲劳或损伤的姿势进行操作。

(2) 操作现场噪声不应超过《军事作业噪声容许限值》(GJB 50—1985)的

标准，如不能避免，则必须给操作人员配备相应防护设备。

(3)对装备的操作空间应尽量提供自然或人工的适度照明条件。

(4)采取适当措施，减少装备振动，以避免操作人员在超过《人体全身振动暴露的舒适性降低限和评定准则》(GJB 966—1990)规定的标准振动条件下操作。

(5)设计装备时，应考虑操作人员在举起、推拉、提起及转动等操作中的平均体力限度。

(6)设计装备时，还应考虑操作人员的工作负荷和操作难度，以保证操作人员的持续工作效率和操作效果。

第3章 可靠性技术理论

3.1 可靠性分配

可靠性分配,就是把系统的可靠性定量要求按照一定的准则分配给各组成部分而进行的工作。它是一个由整体到局部、由大到小、由上到下的分解过程。可靠性分配的本质是一个工程决策过程,是一个综合权衡优化的问题,关系到人力、物力的调度问题,因此,要做到技术上可行、经济上合算、效果上良好。

3.1.1 目的与作用

可靠性分配的目的就是将系统可靠性指标分配到其各产品层次的各部分,以便使各层次产品设计人员明确其可靠性设计要求,主要有下述作用:

(1)为系统或设备的各部分(或各低层次产品)的研制者提供可靠性设计指标参考,以保证系统或设备最终符合规定的可靠性要求。

(2)通过可靠性分配,明确各转承方或供应方产品的可靠性指标,便于系统或设备承制方对其进行管理。

产品设计总是从明确的目标或指标开始,主要是进行分析、论证性工作,虽然需要的费用和人力消耗不大,却在很大程度上决定着产品设计,因此要合理分配可靠性指标,以避免设计的盲目性,并最终使系统经济而有效地达到规定的可靠性指标。

3.1.2 分配方法

1. 分配的一般准则

系统可靠性分配要考虑其合理性和可行性,其分配在于求解下面的基本关系式：
$$R_S[R_1^*(t),R_2^*(t),\cdots,R_i^*(t),\cdots,R_n^*(t)] \geqslant R_S^*(t)$$
$$G_S[R_1^*(t),R_2^*(t),\cdots,R_i^*(t),\cdots,R_n^*(t)] \geqslant G_S^*(t)$$

式中：$R_i^*(t)$——分配到第 i 个单元的可靠性指标；

　　　$R_S^*(t)$——要求系统达到的可靠性指标；

　　　$G_S^*(t)$——对各可靠性分配单元的综合约束条件，包括费用、质量、体积以及功耗等因素。

如果没有约束条件，很难给出合理、可行的可靠性分配方案。因此，要确定可靠性分配的一定准则，可以选择故障率、可靠度等参数进行可靠性分配，其一般准则如下：

(1)对于复杂程度高的分系统或设备，应分配较低的可靠性指标，因为系统越复杂，要实现高可靠性指标的人力、物力的投入就越大。

(2)对于技术不够成熟的新产品，应分配较低的可靠性指标，主要原因是其高可靠性指标会因为产品技术问题导致研制周期和费用增加。

(3)对于处于恶劣环境条件下的分系统或设备，考虑到其高可靠性指标在恶劣环境下很难实现，而且故障率也会更高，应分配较低的可靠性指标。

(4)对于长期处于工作状态的分系统或设备，由于其可靠度会随着工作时间的增加而降低，要保证其高可靠度也较难实现或需要的投入太大，也应分配较低的可靠性指标。

(5)对于重要度高的分系统或设备，应分配较高的可靠性指标，因为重要度高的分系统或设备一旦发生故障会严重影响装备使用或造成较大危害。

2. 等值分配法

该方法一般在产品设计初期使用，当产品的定义不十分清楚或各组成单元大体相似时可以采用这种简单的分配方法。

假设某系统由 n 个分系统串联组成，若给定系统的可靠度指标为 $R_S^*(t)$，按等值分配法，给各分系统分配相等的可靠度，即 $R_1^*(t)=R_2^*(t)=\cdots=R_i^*(t)=\cdots=R_n^*(t)$，于是分配给各系统的可靠度为

$$R_i^*(t) = \sqrt[n]{R_S^*(t)} \qquad (3-1)$$

例 3-1 某导弹武器系统由导弹、发射装置、制导系统、指控系统及电源系统 5 个部分组成。现要求该导弹武器系统工作 24 h 的可靠度为 $R_S^*(t)|_{t=24\,\text{h}}=0.9$，试用等值分配法确定其各组成部分工作 24 h 的可靠度。

解：按等值分配法，各部分的可靠度指标为

$$R_i^*(t)\big|_{t=24} = \sqrt[n]{R_s^*(24)} = \sqrt[5]{0.9} \approx 0.979\,15$$

从上例可以看出，这种分配方法虽然简单，但并不合理。因为系统各组成部分的可靠度本身就存在差异，对于高可靠度的部分应分配较高的可靠度。

3. 比例分配法

如果新设计系统与旧系统的各组成分系统类型相同，只是对新设计系统提出了新的可靠性要求，则可以根据旧系统中各分系统的故障率，按新设计系统可靠性要求对其故障率进行分配，给第 i 个分系统分配的故障率为

$$\lambda_i^* = \frac{\lambda_s^*}{\lambda_s}\lambda_i \tag{3-2}$$

式中：λ_s^*——新设计系统的故障率指标；

λ_i^*——分配给新设计系统中第 i 个分系统的故障率；

λ_s——旧系统的故障率指标；

λ_i——旧系统中第 i 个分系统的故障率。

如果有旧系统中各分系统故障数占系统故障数百分比 K_i 的统计资料，则可以按下式对新设计系统的第 i 个分系统的故障率进行分配：

$$\lambda_i^* = K_i \lambda_s^* \tag{3-3}$$

如果新系统中某些分系统属于已经定型的产品，即该分系统的故障率 λ_c 已经确定，则可按下式进行其他分系统的故障率分配：

$$\lambda_i^* = \frac{\lambda_s^* - \lambda_c}{\lambda_s - \lambda_c}\lambda_i \tag{3-4}$$

4. 按重要度及复杂度的分配法

1) 按分系统的重要度分配

系统一般是由分系统串联组成，而分系统由功能单元（部件）串联、并联或混联等方式组成，因此，各功能单元（部件）故障不一定会引起系统故障。用分系统或功能单元（部件）故障对系统的影响作为一个指标，即重要度 $\omega_{i(j)}$，为

$$\omega_{i(j)} = r_{i(j)}/N_{i(j)}$$

式中：$N_{i(j)}$——第 i 个分系统第 j 个功能单元（部件）的故障次数；

$r_{i(j)}$——由第 i 个分系统第 j 个功能单元（部件）故障引起的系统故障次数。

按重要度进行可靠性分配，则分配到第 i 个分系统第 j 个功能单元（部

件)的平均故障间隔时间 $\theta_{i(j)}$ 为

$$\theta_{i(j)} = \frac{nt_{i(j)}}{-\ln R_S^*(T)} \omega_{i(j)} \qquad (3-5)$$

式中：n ——分系统数；

$t_{i(j)}$ ——第 i 个分系统第 j 个功能单元(部件)的工作时间；

T ——系统规定的工作时间；

$R_S^*(T)$ ——系统规定的可靠度。

这种分配方法的实质在于给重要度大的组成部分分配更高的可靠性指标。在产品初步设计阶段，其他约束条件还未明确提出时，可以用这种方法进行简单分配。

2)按分系统的复杂度分配

复杂度可以用该分系统(功能单元)的基本部件数与系统的基本部件总数的比值 C_i 来表示，即

$$C_i = n_i / N = n_i / \sum_{i=1}^{n} n_i$$

式中：n_i ——第 i 个分系统(功能单元)的基本部件数；

N ——系统基本部件总数；

n ——系统包含的分系统数。

分配时假设系统、分系统(功能单元)是由其基本部件组成的串联系统，即基本部件对其可靠度的贡献是相同的，则有

$$R_i^*(T) = \{[R_S^*(T)]^{1/N}\}^{n_i} = [R_S^*(T)]^{n_i/N} = [R_S^*(T)]^{C_i} \qquad (3-6)$$

式中：$R_i^*(T)$ ——分配给第 i 个分系统的可靠度；

$R_S^*(T)$ ——系统规定的可靠度。

这种分配方法的实质是分系统或功能单元组成越复杂，其可靠度指标就分配得就越低。

3)综合重要度及复杂度分配

按照分系统(功能单元)重要度与复杂度进行可靠性指标分配，其实质就是重要度大的分配的指标大，复杂度大的分配的指标小。因此，综合考虑这两种因素的分系统可靠性指标分配方法，则有

$$\theta_i = \frac{nt_{i(j)} \omega_{i(j)}}{-\ln R_S^*(T) C_i} \qquad (3-7)$$

式中：θ_i ——分配给第 i 个分系统的可靠性指标(平均故障间隔时间)。

3.2 可靠性预计

可靠性预计是为了评估产品在给定条件下的可靠性而进行的工作。它根据组成系统的元件、部件和分系统可靠性来推测系统的可靠性,是一个由局部到整体、由小到大、由下到上的综合过程。

3.2.1 目的与作用

1. 目的

用以估计系统、分系统或设备的任务可靠性和基本可靠性,并确定所提出的设计是否达到可靠性要求。

2. 作用

可靠性预计可以作为设计手段,为设计决策提供依据。不同阶段的具体作用不同,一般地讲,可靠性预计有以下作用。

(1)将预计的可靠性指标与要求的可靠性指标相比较,审查合同或任务书中提出的可靠性指标是否达到要求。

(2)在方案阶段,利用预计结果进行方案比较,作为选择最优方案的一个依据。

(3)在设计过程,通过预计,发现设计中的薄弱环节,加以改进。

(4)为可靠性增长试验、验证试验及费用核算等方面的研究提供依据。

(5)在研制早期,通过预计为可靠性分配奠定基础。

3.2.2 预计方法

1. 性能参数法

性能参数法通过统计大量相似系统的性能与可靠性参数,在此基础上进行回归分析,得出一些经验公式及系数,以便在方案论证及初步设计阶段,根据初步确定的系统性能及结构参数预计系统可靠性。

2. 相似产品法

相似产品法利用成熟的相似产品的可靠性经验数据来估计新产品的可靠性。这种方法在研制初期被广泛应用,在研制的任何阶段都适用。成熟产品的详细故障记录得越全,比较的基础越好,预计的准确度就越高,当然准确度也取决于产品的复杂程度。

3. 专家评分法

这种方法依靠工程技术人员丰富的工程经验,按照几种因素进行评分。按评分结果,由已知的系统组成单元故障率,根据评分系统,计算出其余系统组成单元的故障率。评分的考虑因素按产品的特点确定,比如产品的复杂度、技术水平、工作时间以及环境条件等。

4. 上、下限法

上、下限法又称边值法,其基本思想是将复杂的系统简单地看成某些单元的串联系统,求出该系统可靠度的上、下限值。然后逐步考虑系统的复杂情况,逐次求系统可靠度更加精确的上、下限值,达到一定要求后,再将上限值 $R_\text{上}$ 及下限值 $R_\text{下}$ 进行简单的数学处理[比如可以取上、下限值的均值 $R_S=(R_\text{上}+R_\text{下})/2$,或者按 $R_S=1-\sqrt{(1-R_\text{上})(1-R_\text{下})}$ 进行计算],得到满足实际要求的可靠性预计值。

5. 特殊预计方法

1)电子、电气设备的可靠性预计方法

电子、电气设备一般由集成化程度很高的电子元器件组成,而对于标准元器件现已积累了大量的试验、统计故障率数据,建立了有效的数据库,且有成熟的预计手册和标准。因此,其可靠性预计可按相关国军标进行预计。若其寿命服从一定分布规律,则可以根据其系统可靠性框图,应用前面介绍可靠性模型进行预计。

(1)元器件计数法。该方法适用于电子设备方案论证及初步设计阶段。它的计算步骤是:先统计计算设备中各种型号和各类元器件数目,然后再乘以相应型号或相应类型元器件的基本故障率,最后把各乘积累加起来,即可得到更高一层级的部件或系统的故障率。这种方法的优点是,只使用现有的工程信息,不需要详细了解每个元器件的应用及它们之间的逻辑关系,就可以迅速地估算出该系统的故障率。其通用公式为

$$\lambda_S = \sum_{i=1}^{n} N_i \lambda_{Gi} \pi_{Qi} \qquad (3-8)$$

式中:λ_S——系统总的故障率;

N_i——第 i 种元器件的数量;

λ_{Gi}——第 i 种元器件的通用故障率；

π_{Qi}——第 i 种元器件的通用质量系数；

n——设备所有元器件的种类数量。

注：式(3-8)适用于在同一环境类别中使用的设备。若设备包含的单元是在不同环境中工作，则式(3-8)就应该分别按不同环境考虑，然后，将这些"环境单元"故障率相加即为设备总的故障率。

(2)元器件应力分析法。该方法适用于电子设备详细设计阶段，已具备了详细的元器件清单、基本故障率、质量系数、电应力系数等信息。这种方法预计的可靠性比元器件计数法要准确。不同的元器件，其故障率计算模型不是相同的，但都是在基本故障率的基础上，乘以一个修正值，其通用公式为

$$\lambda_p = \lambda_b f(\pi_E, \pi_Q, \pi_A, \pi_R, \pi_S, \pi_C) \tag{3-9}$$

式中：λ_p——元器件预计故障率；

λ_b——元器件基本故障率；

f——受各系数约束的综合修正函数；

π_E——环境系数；

π_Q——质量系数；

π_A——应用系数；

π_R——电流定值系数；

π_S——电压应力系数；

π_C——配置系数。

上述这些系数均可查阅相关国军标确定，系统故障率 λ_S 由元器件工作故障率 λ_p 累加可得

$$\lambda_S = \sum_{i=1}^{n} N_i \lambda_{pi} \tag{3-10}$$

式中：λ_{pi}——第 i 种元器件预计故障率；

N_i——第 i 种元器件的数量；

n——设备所有元器件种类数量。

2) 机械设备的可靠性预计方法

许多机械零部件是为特定用途单独设计的，通用性不强，标准化程序不高，故障率通常不是常数，其故障往往是由于耗损、疲劳和其他与应力有关的故障机理造成的，其可靠性与电子设备可靠性相比，对载荷、使用方式和利用率更加敏感。基于上述特点，对看起来很相似的机械部件，其故障率通常是分散的，所以机械设备没有相当于电子设备那样通用、可接受的方法。

(1)修正系数法。实践结果表明,具有耗损特征的机械设备,在其耗损期到来之前,在一定的使用期限内,一些机械设备寿命近似按指数分布处理,可以达到工程应用的效果,即可以用制造商规定的基本故障率,再根据实际使用情况及设计的差异进行修正,如则有

$$\lambda_{GE}=\lambda_{GE\cdot B}C_1 C_2 \cdots C_i \cdots C_n \tag{3-11}$$

式中:λ_{GE}——预计的故障率;

$\lambda_{GE\cdot B}$——规定的基本故障率;

C_i——各种条件下的修正系数。

(2)相似产品类比法。其基本思想是根据仿制或改型的类似产品已知的故障率,分析两者在组成结构、使用环境、原材料、元器件水平、制造工艺等方面的差异,通过专家评分给出各修正系数,综合权衡后得出一个故障率综合修正因子 D,则有

$$\left. \begin{array}{l} D=K_1 K_2 K_3 K_4 \\ \lambda_{GE}=\lambda_{GE\cdot B} D \end{array} \right\} \tag{3-12}$$

式中:K_1——新产品设计与类似产品差距的修正系数;

K_2——新产品制造与类似产品的差距修正系数;

K_3——新产品工艺与类似产品差距的修正系数;

K_4——新产品研制与类似产品差距的修正系数。

在实际应用中,可根据实际情况对修正系数进行增补或删减。

3.3 可靠性分析

3.3.1 FMECA

1. 故障模式及影响分析技术

可靠性分析的目的不仅仅是评价系统及其组成单元的可靠性水平,更重要的是找出提高其可靠性的途径、措施。因此,必须对系统及其组成单元的故障进行详细的分析。故障分析是可靠性分析的一项重要内容,是对发生或可能发生故障的系统及其组成单元进行分析,鉴别其故障模式、故障原因以及故障机理,估计该故障模式对系统可能发生何种影响,以便采取措施,提高系统的可靠性。

故障模式及影响分析(Fault Mode and Effects Analysis,FMEA)是在产

品设计过程中,通过对产品各组成单元潜在的各种故障模式及其对产品功能的影响进行分析,并把每一个潜在故障按其严酷程度予以分类,提出可以采取的预防、改进措施,以提高产品可靠性的一种设计分析方法。而故障模式、影响及危害性分析(Fault Mode Effects and Criticality Analysis,FMECA)是在FMEA的基础上再增加一层任务,即判断每种故障模式影响的危害程度有多大,使分析量化。因此,FMECA可以看成是FMEA的一种扩展与深化。

由于FMEA主要是一种定性分析方法,不需要什么高深的数学理论,易于掌握,实用价值高,受到工程部门的普遍重视。它比依赖于基础数据的定量分析方法更接近于工程实际情况。FMEA在许多重要的领域,被明确规定为设计人员必须掌握的技术,FMEA有关资料被规定为不可缺少的设计文件。

2. 目的与作用

进行FMEA目的在于查明一切潜在的故障模式(可能存在的隐患),而重点在于查明一切灾难性、致命性和严重的故障模式,以便通过修改设计或采用其他补救措施尽早予以消除或减轻其后果的危害性。最终目的是改进设计,提高系统的可靠性,主要有下述作用。

(1)帮助设计者和决策者从各种备选方案中选择满足可靠性要求的最佳方案。

(2)保证所有元器件的各种故障模式及影响都经过周密考虑,找出对系统故障有重大影响的元器件和故障模式,并分析其影响程度。

(3)有助于在设计评审中对有关措施(如冗余措施)、检测设备等做出客观的评价。

(4)为进一步定量分析提供基础。

(5)能为进一步更改产品设计提供资料。

(6)为其他相关决策提供基础。

3. 方法与程序

1)相关术语

(1)故障模式(Fault Mode),即故障的表现形式。

(2)故障影响(Fault Effect)或称故障后果,是故障模式对产品的使用、功能或状态所导致的结果,一般分为三级:局部的、高一层次的、最终的。

(3)危害度(Criticality),对故障模式的后果及其出现频率的综合度量。

(4)约定层次,根据分析需要,按产品相对复杂程度或功能关系划分产品的层次。

2) 分析方法

FMEA 有两种基本方法:硬件法和功能法。工作中采用哪一种方法进行分析,取决于设计的复杂程度和可以利用信息的多少。对复杂系统进行分析时,可以考虑综合采用硬件法和功能法。

(1) 硬件法。这种方法根据产品的功能对每个故障模式进行评价,用表格列出各个产品,对其可能发生的故障模式及其影响进行分析。各产品的故障影响与分系统及系统功能有关。当产品可按设计图纸及其他工程设计资料明确确定时,一般采用硬件法。这种分析方法适用于从零件级别开始分析再扩展到系统级,即自下而上进行分析。然而,也可以从任一次开始向任何一个方向进行分析。采用这种方法进行 FMEA 是较为严格的。

(2) 功能法。这种方法认为每个产品可以完成若干功能,而功能可以按输出分类,使用这种方法时,将输出一一列出,并对它们的故障模式进行分析。当产品构成不能明确确定(如在产品研制初期,各个部件的设计尚未完成,得不到详细的部件清单、产品原理图及产品装配图),或当产品的复杂程度要求从初始约定层次开始向下分析,即自上而下分析时,一般采用功能法。然而,也可以在产品的任一层次开始向任一方向进行。这种方法比硬件法简单,但可能忽略某些模式。

3) 工作程序

这里以硬件法为例说明其工程程序。进行 FMEA 必须要熟悉被分析系统的全部情况,包括系统结构方面的、系统使用维护方面的以及系统所处环境等方面的资料。具体应获得并熟悉以下信息:①技术规范与研制方案;②设计方案论证报告;③设计数据和图纸;④可靠性数据。

FMEA 工作程序分为定义系统以及填写 FMEA 表格两个步骤。

1) 定义系统。定义系统包括系统在每项任务、每一任务阶段以及各种工作方式下的功能描述。对系统进行功能描述时,应包括对主要和次要任务项的说明,并针对每一任务阶段和工作方式、预期的任务持续时间和产品使用情况、每一产品的功能和输出,以及故障判据和环境条件等,对系统和部件加以说明,具体内容如下:

(a) 任务功能和工作方式:包括按照功能对每项任务的说明,确定应完成的工作及其相应的功能模式。应说明被分析系统各约定层次的任务功能和工作方式。当完成某一特定功能不止一种方式时,应明确替换的工作方式。还应规定需要使用不同设备(或设备组合)的多种功能,并应以功能-输出清单(或说明)的形式列出每一约定层次产品的功能和输出。

(b)环境剖面:应该规定系统的环境剖面,用以描述每一项任务和任务阶段所预期的环境条件。如果系统不仅在一种环境条件下工作,还应对每种不同的环境剖面加以规定。应采用不同的环境阶段来确定应力-时间关系及故障检测方法和补偿措施的可行性。

(c)任务时间:为了确定任务时间,应对系统的功能-时间要求做定量说明,并对在任务不同阶段中以不同工作方式工作的产品和只有在要求时才执行功能的产品明确功能-时间要求。

(d)框图绘制:为了描述系统各功能单元的工作情况、相互影响及相互依赖关系,以便可以逐层分析故障模式产生的影响,需要建立框图。这些方框图应标明产品的所有输入及输出,每一方框应有统一的标号,以反映系统功能分级顺序。方框图包括功能框图及可靠性框图。框图绘制可以与定义系统同时进行,也可以在定义系统完成之后进行。对于替换的工作方式,一般需要一个以上的框图表示。

(2)填写表格。典型的 FMEA 表格见表 3-1,它给出了 FMEA 的基本内容,可根据分析的需要对其进行增补。

表 3-1 故障模式及影响分析表

初始层次	任务	审核	第 页共 页
约定层次	人员	批准	填表日期

代码	功能标志	功能描述	故障模式	故障原因	阶段方式	故障影响			检测方法	补偿措施	严酷类别	备注
						局部影响	高层影响	最终影响				

4)严酷度类别划分

严酷度类别是产品故障模式造成的最坏潜在后果的量度表示。可以将每一故障模式和每一被分析的产品按损失程度进行分类。严酷度一般分为下述四类：

(1) Ⅰ类(灾难的)。这是一种会引起人员伤亡或装备毁坏的故障。

(2) Ⅱ类(致命的)。这种故障会引起人员的严重伤害、重大经济损失或导致任务失败的系统严重损坏。

(3) Ⅲ类(临界的)。这种故障会引起人员的轻度伤害、一定的经济损失或导致任务延迟或降级的系统轻度损坏。

(4) Ⅳ类(轻度的)。这是一种不足以导致人员伤害、一定的经济损失或装备损坏的故障，但它会导致非计划性工作或任务。

确定严酷类别的目的在于为安排改进措施提供依据。最优先考虑的是消除Ⅰ类和Ⅱ类故障模式。

4. 危害性分析方法及程序

1) 分析方法

危害性分析(Criticality Analysis, CA)就是按每一故障模式的严酷度类别及故障模式的发生概率所产生的影响对其划分等级并进行分类，以便全面地评价各种可能故障模式的危害。CA 是 FMEA 的补充和扩展，没有进行 FMEA，就不能进行 CA。

危害性分析有定性分析和定量分析两种方法。究竟选择哪种方法，应根据具体情况决定。在不能获得产品技术状态数据或故障率数据的情况下，可选择定性的分析方法。若可以获得产品的这些数据，则应以定量的方法计算并分析危害度。

(1) 定性分析法。这种方法按故障模式发生的概率来评价 FMEA 中确定的故障模式。此时，将各故障模式的发生概率按一定的规定分成不同的等级。故障模式的发生概率等级按如下规定：

A 级(经常发生)：在产品工作期间内某一故障模式的发生概率大于产品在该期间内总的故障概率的 20%。

B 级(有时发生)：在产品工作期间内某一故障模式的发生概率大于产品在该期间内总的故障概率的 10%，但小于 20%。

C 级(偶然发生)：在产品工作期间内某一故障模式的发生概率大于产品在该期间内总的故障概率的 1%，但小于 10%。

D 级(很少发生)：在产品工作期间内某一故障模式的发生概率大于产品在该期间内总的故障概率的 0.1%，但小于 1%。

E 级(极少发生):在产品工作期间内某一故障模式的发生概率小于产品在该期间内总的故障概率的 0.1%。

(2)定量分析方法。在具备产品的技术状态数据和故障率数据的情况下,采用定量的分析方法,可以得到更为有效的分析结果。用定量的方法进行危害性分析时,所用的故障率数据源应与进行其他可靠性分析时所用的故障率数据源相同。

2)工程程序

工程程序分为填写危害性分析表格和绘制危害性矩阵两个步骤。

(1)CA 表格。表 3-2 中各栏应按如下规定填写。

表 3-2 危害性分析表

初始层次		任务		审核		第 页共 页								
约定层次		人员		批准		填表日期								
代码	功能标志	功能描述	故障模式	故障原因	阶段方式	严酷类别	故障率数据源	故障率 λ_p	故障模式频数比 α_j	故障影响概率 β_j	工作时间 t	故障模式危害度 C_{mj}	产品危害度 C_r	备注

第一至七栏:各栏内容与 FMEA 表格中对应栏的内容相同,可把 FMEA 表格中对应栏的内容直接填入危害性分析表中。

第八栏(故障概率或故障率数据源):当进行定性分析时,即以故障模式发生概率来评价故障模式时,应列出故障模式发生概率的等级;如果使用故障率数据来计算危害度,则应列出计算时所使用的故障率数据的来源。定性分析时,则不考虑其余各栏内容,可直接绘制危害性矩阵。

表 3-2 中,第九栏(故障率 λ_p)可通过可靠性预计得到。

第十栏(故障模式频数比 α_j):α_j 表示产品将以故障模式 j 发生的百分比。如果某产品有 N 种故障模式,则这些故障模式所对应的各 $\alpha_j(j=1,$

$2,\cdots,N$)值的总和将等于 1。各故障模式频数比可根据故障率原始数据或试验及使用数据推出。如果没有可利用的故障模式数据,则 α_j 值可由分析人员根据产品功能分析判断得到。

第十一栏(故障影响概率 β_j):β_j 是分析人员根据经验判断得到的,它是产品以故障模式 j 发生故障而导致系统任务丧失的条件概率。β_j 的值通常可按表 3-3 的规定进行定量估计。

表 3-3 故障影响概率规定表

故障影响	故障影响概率 β_j
功能完全丧失	$\beta_j = 1$
功能很可能丧失	$0.1 < \beta_j < 1$
功能有可能丧失	$0 < \beta_j < 0.1$
无影响	$\beta_j = 0$

第十二栏(工作时间 t):工作时间 t 可以从系统定义导出,通常以产品每次任务的工作小时数或工作的循环次数来表示。

第十三栏(故障模式危害度 C_{mj}):C_{mj} 是产品危害度的一部分。对给定的严酷度类别和任务阶段而言,产品的第 j 个故障模式危害度 C_{mj} 可由下式计算:

$$C_{mj} = \lambda_p \alpha_j \beta_j t \tag{3-13}$$

第十四栏(产品危害度 C_r):一个产品的危害度 C_r 是指预计将由该产品的故障模式造成的某一特定类型(以产品故障模式的严酷度类别表示)的产品故障数。就某一特定的严酷度类别和任务阶段而言,产品的危害度 C_r 是该产品在这一严酷度类别下的各故障模式危害度 C_{mj} 的总和,C_r 可按下式计算:

$$C_r = \sum_{j=1}^{n} C_{mj} \tag{3-14}$$

式中:n——该产品在相应严酷度类别下的故障模式总数。

第十五栏(备注):该栏记录与各栏有关的补充和说明、有关改进产品质量与可靠性的建议等。

(2)危害性矩阵图。危害性矩阵图用来确定和比较每一故障模式的危害程度,进而为确定改进措施的先后顺序提供依据。矩阵图的横坐标表示严酷度类别,纵坐标表示产品危害度或故障模式发生概率等级,如图3-1所示。

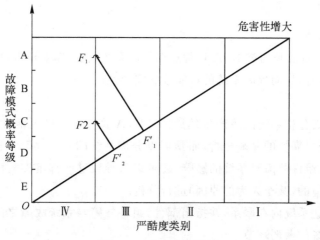

图3-1 危害性矩阵图

参照其严酷度类别及故障模式发生概率等级或产品的危害度将产品或故障模式编码标在矩阵的相应位置,这样绘制的矩阵图可以表明产品各故障模式危害性的分布情况。如图3-1所示,F_1、F_2所记录的故障模式分布点在对角线上的投影点F'_1、F'_2距离原点越远,其危害性越大,越需尽快采取改进措施。绘制好的危害性矩阵图应作为FMECA报告的一部分共同提交。

3.3.2 故障树分析

1. 故障树分析步骤

故障树分析(Fault Tree Analysis,FTA)就是在系统设计过程中,通过对可能造成系统故障的各种因素(包括硬件、软件、环境、人为因素等)进行分析,画出逻辑框图(即故障树),从而确定系统故障原因的各种可能组合及其发生概率,以计算系统故障概率,采取相应的纠正措施,提高系统可靠性的一种设计分析方法。

FTA的步骤,通常因评价对象、分析目的、详细程度等而不同,一般按以下步骤进行:

(1)建立故障树;
(2)构建故障树数学模型;
(3)定性分析;

(4)定量计算。

2.目的与作用

1)目的

FTA 的目的是通过 FTA 过程透彻了解系统,找出薄弱环节,以便改进系统设计和运行,从而提高系统的可靠性和安全性。

2)作用

(1)全面分析系统故障产生的原因。FTA 具有很大的灵活性,即不是局限于对系统可靠性的一般分析,而是可以分析系统的各种故障。它不仅可以分析某些部组件故障对系统的影响,还可以对导致这些部组件故障的特殊原因(例如环境的,甚至人为的原因)进行分析。

(2)表达系统内在联系,并指出部件、组件故障与系统故障之间的逻辑关系,找出系统的薄弱环节。

(3)弄清各种潜在因素对故障发生影响的途径和程度,因而许多问题在分析的过程中就被发现和解决了,从而提高了系统的可靠性。

(4)通过故障树可以定量地计算复杂系统的故障概率及其他可靠性参数,为改善和评估系统可靠性提供定量数据。

(5)故障树建成后,它可以清晰地反映系统故障与单元故障的关系,为检测、隔离及排除故障提供指导。对不曾参与系统设计的管理和使用人员来说,故障树相当于一个形象的故障"字典",因此对培训使用系统的人员更有意义。

3.故障树的建立

1)步骤与方法

故障树的建立是 FTA 的关键,故障树建造的完善程度将直接影响定性分析和定量计算结果的准确性。复杂系统的故障树建立工作一般十分庞大、繁杂,所以要求建树者必须仔细,并广泛地掌握设计、使用维护等各方面的经验和知识。建立故障树时最好能有各方面的技术人员参与,其主要步骤如下:

(1)工作准备。广泛收集并分析有关技术资料包括熟悉设计说明书、原理图、结构图、运行及维修规程等有关资料;辨明人为因素和软件对系统的影响;辨识系统中可能存在的各种状态模式以及它们和各单元状态的对应关系,识别这些模式之间的相互转换。

(2)选择顶事件。顶事件是指人们不希望发生的,显著影响系统技术性能、经济性、可靠性和安全性的故障事件。一个系统可能不止一个这样的事件。在充分熟悉系统及其资料的基础上,做到既不遗漏又分清主次地将全部重大故障事件列举出来,必要时可应用 FMEA,然后再根据分析的目的和故障判据确定出本次分析的顶事件。

(3)建立故障树。建树方法可分为两大类:演绎法和计算机辅助建树的合成法或决策表法。演绎法的建树方法为:将已确定的顶事件写在顶部矩形框内,将引起顶事件的全部必要而又充分的直接原因事件(包括硬件故障、软件故障、环境因素、人为因素等)置于相应原因事件符号中,画出第二层,再根据实际系统中它们的逻辑关系用适当的逻辑门符号关联事件及其原因事件。如此,遵循建树规则逐层向下发展,直到所有最低一层原因事件都是底事件为止。这样,就建立了一棵以给定顶事件为"根",中间事件为"节",底事件为"叶"的倒置的 n 级故障树。

(4)简化故障树。建树前应根据分析目的,明确定义所分析的系统和其他系统(包括人和环境)的接口,同时给定一些必要的合理假设(如对一些设备故障进行保守假设,暂不考虑人为故障等),从而得到一个包含主要逻辑关系的等效简化系统图。

2)故障树符号

故障树中使用的符号通常分为"事件符号"及"逻辑门符号"两类,本书主要介绍这两类符号中较为常用的几种符号。

(1)事件符号。

(a)矩形符号:如图 3-2 所示,它表示故障事件,在矩形内注明故障事件的定义。它与逻辑门符号连接,作为逻辑门的输入或输出,适用于故障树中除底事件之外的所有中间事件及顶事件。

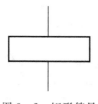

图 3-2 矩形符号

(b)圆形符号:如图 3-3 所示,它表示底事件,或称基本事件,是部、组件在设计的运行条件下所发生的故障事件。它的故障分布多数是已知的,且只能作为逻辑门的输入而不能作为输出。

图 3-3 矩形符号

（c）菱形符号：如图 3-4 所示，它表示省略事件。一般用以表示那些可能发生，但概率值较小，或者对此系统而言不需要再进一步分析的故障事件。这些故障事件在定性、定量分析中一般都不可忽略不计，所以也很少使用。

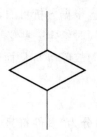

图 3-4 矩形符号

（d）三角形符号：如图 3-5 所示，它表示故障事件的转移。在故障树建立过程中会出现完全相同或者同一个故障事件在不同位置出现。为了减少重复工作并简化故障树，可以加上相应标志的转移符号表示从某处转入或转出到某处，也用于树的移页。

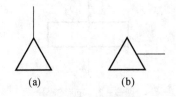

图 3-5 矩形符号

（2）逻辑门符号。

(a) 与门符号：如图 3-6 所示。$B_i(i=1,2,\cdots,n)$ 为与门的输入事件，A 为与门的输出事件。B_i 同时发生时，A 必然发生，这种逻辑关系称为事件交（或叫积事件），其对应的代数表达式为

$$A = B_1 \cap B_2 \cap \cdots \cap B_i \cdots \cap B_n$$

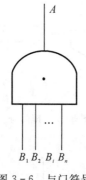

图 3-6　与门符号

(b) 或门符号：如图 3-7 所示。当输入事件 B_i 中至少有一个发生时，则输出事件 A 发生，这种逻辑关系称为事件并（或和事件），其对应的代数表达式为

$$A = B_1 \cup B_2 \cup \cdots \cup B_n$$

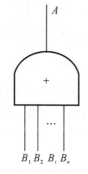

图 3-7　或门符号

(c) 禁门符号：如图 3-8 所示。当给定条件满足时，则输入事件引起输出事件发生，否则输出事件不发生。图中圆角矩形是修正符号，其内注明限制条件。

(d) 异或门符号：如图 3-9 所示。输入事件 B_1 和 B_2 中任何一个发生都

会引起输出事件发生,但 B_1 和 B_2 不能同时发生,其对应的代数表达式为

$$A = (B_1 \cap \bar{B}_2) \cup (\bar{B}_1 \cap B_2)$$

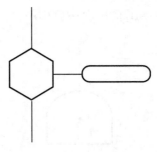

图 3-8 禁门符号

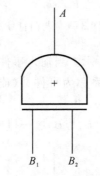

图 3-9 异或门符号

3) 故障树的要求

故障树要反映出系统故障的内在联系,同时应能使人一目了然,形象地掌握这种联系并按此进行正确的分析。因此,建立故障树必须满足以下要求:

(1) 建树者必须对所分析系统有深入的了解,故障的定义要正确且很明确。

(2) 对顶事件的选择要严谨。若顶事件选择不当就可能无法进行正常分析和计算。顶事件的选择一般要在初步故障分析基础上,找出系统可能发生的所有故障,再结合 FMEA,最后从这些故障中筛选出不希望发生的故障作为顶事件。

(3) 合理确定系统的边界以建立逻辑关系等效的简化故障树。

(4) 从上向下逐层建树。建树应从上向下逐层进行,在同一逻辑门的全部

必要而又充分的直接输入未列出之前,不得向下进行建树。

(5)建树时不允许逻辑门直接相连。不允许不经过事件符号而将逻辑门直接相连,且每一个逻辑门的输出事件都应定义清楚。

(6)用直接事件逐步取代间接事件。为了使故障树向下发展,必须用等效的、比较具体的直接事件逐步取代比较抽象的间接事件,使故障树更加简化。

(7)正确处理共因事件。共因事件对系统故障发生概率影响很大,建树时必须妥善处理,对故障树不同分支中出现的共因事件要使用同一事件符号表示。

(8)对系统中各事件的逻辑关系及条件必须分析清楚,不能有逻辑上的混乱和条件上的矛盾。

4)故障树的数学描述

为了使问题简化,我们假设所研究的部组件和系统只有正常或故障两种状态,且各部组件的故障是相互独立的。现在分析一个由 n 个相互独立的底事件构成的故障树。设 x_i 表示底事件的状态变量,x_i 仅取 0 或 1 两种状态,$x_i=0$ 代表底事件不发生(部组件正常),$x_i=1$ 代表底事件发生(即部组件故障)。φ 表示顶事件的状态变量,取 0 或 1 两种状态;$\varphi=0$ 代表顶事件不发生(系统正常),$\varphi=1$ 代表顶事件发生(即系统故障)。

下述以典型逻辑门为例介绍其结构函数。

(1)与门结构函数。若与门的底事件数为 n,则其结构函数为

$$\varphi(X)=\varphi(x_1,x_2,\cdots,x_n)=\prod_{i=1}^{n}x_i \Rightarrow P(X)=\prod_{i=1}^{n}p(x_i)$$

(2)或门结构函数。若或门的底事件数为 n,则其结构函数为

$$\varphi(X)=\varphi(x_1,x_2,\cdots,x_n)=\coprod_{i=1}^{n}x_i \Rightarrow P(X)=1-\prod_{i=1}^{n}[1-p(x_i)]$$

(3)系统的结构函数。由于系统的故障树多数比较复杂,可能存在各种逻辑符号,所以其结构函数没有统一表达式,故障树不同,结构函数也不相同。对于复杂的系统故障树,后面会介绍其他方法进行分析。

4.故障树定性分析

故障树定性分析的目的在于寻找导致顶事件发生的原因和原因组合,识别导致顶事件发生的所有故障模式,它可以帮助我们判明潜在的故障,以便改进设计,也可用于指导故障诊断。

1)割集和最小割集

装备维修理论

割集指的是故障树中的一些底事件集合,当集合中这些底事件同时发生时,顶事件必然发生。若某个割集中所含的底事件任意去掉一个就不再成为割集,这个割集就是最小割集。

故障树定性分析的最终目的就是寻找故障树的全部最小割集。

2)求最小割集的方法

求系统故障树最小割集的常用方法有下行法和上行法两种。

(1)下行法。根据故障树的实际结构,从顶事件开始,逐层向下寻找,直至最后一层,从而找出所有割集。在下行过程中,依次将逻辑门的输出事件转换为输入事件,若是遇到与门则将其输入事件排在同一行(积事件),遇到或门则将其输入事件分别排成一行(和事件),直到全部置换成底事件,即得到全部割集。最后采用相应的方法,筛选出其最小割集。

以图 3-10 所示故障树为例,求其割集及最小割集。表 3-4 描述了下行法求其割集的过程。

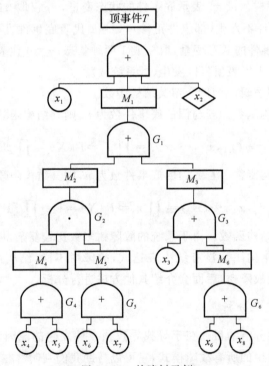

图 3-10 故障树示例

表 3-4 下行法求割集过程

步骤	1	2	4	5	6
过程	x_1	x_1	x_1	x_1	x_1
	M_1	M_2	M_4,M_5	x_4,M_5	x_4,x_6
	x_2	M_3	x_3	x_5,M_5	x_4,x_7
		x_2	M_6	x_3	x_5,x_6
			x_2	x_6	x_5,x_7
				x_8	x_3
				x_2	x_6
					x_8
					x_2

表中最后一列是求得的所有 9 个割集：$\{x_1\}$，$\{x_4,x_6\}$，$\{x_4,x_7\}$，$\{x_5,x_6\}$，$\{x_5,x_7\}$，$\{x_3\}$，$\{x_6\}$，$\{x_8\}$，$\{x_2\}$。

由于 $x_6 \bigcup (x_4 \bigcap x_6) = x_6$，$x_6 \bigcup (x_5 \bigcap x_6) = x_6$，所以割集 $\{x_4,x_6\}$ 和 $\{x_5,x_6\}$ 被吸收，从而得到全部最小割集：$\{x_1\}$，$\{x_2\}$，$\{x_3\}$，$\{x_6\}$，$\{x_8\}$，$\{x_4,x_7\}$，$\{x_5,x_7\}$。

(2)上行法。上行法是从底事件开始,自下而上逐步地进行事件集合运算,按照布尔代数规则进行简化,最终将顶事件表示成底事件组合的形式,确保每一个底事件组合对应于故障树的一个最小割集,全部组合(底事件的交集,即积事件)即是故障树的所有最小割集。

仍然以图 3-10 所示故障树为例,采用上行法求其最小割集。

从最底层的逻辑门开始运算,即

$$M_4 = x_4 \bigcup x_5$$
$$M_5 = x_6 \bigcup x_7$$
$$M_6 = x_6 \bigcup x_8$$

再向上一级,有

$$M_2 = M_4 \bigcap M_5 = (x_4 \bigcup x_5) \bigcap (x_6 \bigcup x_7)$$
$$M_3 = x_3 \bigcup M_6 = x_3 \bigcup x_6 \bigcup x_8$$

再向上一级,有

$$M_1 = M_2 \bigcup M_3 = (x_4 \bigcup x_5) \bigcap (x_6 \bigcup x_7) \bigcup x_3 \bigcup x_6 \bigcup x_8 =$$
$$(x_4 \bigcap x_7) \bigcup (x_5 \bigcap x_7) \bigcup x_3 \bigcup x_6 \bigcup x_8$$

最高一级为
$$T = x_1 \bigcup x_2 \bigcup M_1 = x_1 \bigcup x_2 \bigcup x_3 \bigcup x_6 \bigcup x_8 \bigcup$$
$$(x_4 \bigcap x_7) \bigcup (x_5 \bigcap x_7)$$

从而得到7个最小割集
$$\{x_1\},\{x_2\},\{x_3\},\{x_6\},\{x_8\},\{x_4,x_7\},\{x_5,x_7\}$$

需要注意的是,只有在每一步都利用集合运算规则进行简化、吸收,才能得到最小割集。

3) 最小割集的定性比较

在求得全部最小割集后,如果有足够的数据,则可以对故障树中各个事件发生概率进行推断,并可进一步做定量分析;如果数据不足,则将所有最小割集根据其阶数(割集中底事件的数目)进行排序,并按照下面的3条原则进行定性比较:

(1) 阶数越小的最小割集越重要。

(2) 在低阶最小割集中出现的底事件相比高阶最小割集中的底事件更重要。

(3) 在阶数相同的条件下,在不同最小割集中出现次数多的更重要。

为了节省分析工作量,在工程应用中,常会略去阶数大于指定值的所有最小割集进行近似分析。

5. 故障树定量计算

故障树定量计算的任务就是计算或估算其顶事件发生的概率,一般用最小割集法,结合典型逻辑门及其对应输出事件(逻辑门顶事件),建立顶事件发生概率的结构函数 $F_S(t)$,用该函数求取概率。

1) 与门

假设某与门有 n 个输入事件 $(x_1, x_2, \cdots, x_n)$,则其输出事件(顶事件)发生的概率为

$$F_S(t) = F_1(t) F_2(t) \cdots F_n(t) = \prod_{i=1}^{n} F_i(t)$$

式中:$F_i(t)$——该逻辑与门第 i 个底事件发生的概率。

2) 或门

假设某或门有 n 个输入事件 $(x_1, x_2, \cdots, x_n)$,则其输出事件(顶事件)发生的概率为

$$F_S(t)=1-[1-F_1(t)][1-F_2(t)]\cdots[1-F_n(t)]=1-\prod_{i=1}^{n}[1-F_i(t)]$$

式中：$F_i(t)$——该逻辑或门第 i 个底事件发生的概率。

3）最小割集法求顶事件发生概率

(1)最小割集之间不相交的算法。假定求出某故障树的全部 m 个最小割集 $K_1, K_2, \cdots, K_m$，并假定某一时刻只有一个最小割集发生，而且各个最小割集中不存在重复出现的底事件，即最小割集之间是不相交的。定义 K_j 为第 j 个最小割集，将该故障树顶事件发生记为 $T=\varphi(X)=\bigcup_{j=1}^{m}K_j$，$t$ 时刻最小割集 K_j 对应事件发生的概率为

$$P[K_j(t)]=\prod_{i=1}^{m_j}F_j^i(t)$$

式中：$F_j^i(t)$——第 j 个最小割集中第 i 个底事件发生的概率；

m_j——第 j 个最小割集中底事件的数目。

由此可得，最小割集不相交的故障树顶事件发生的概率为

$$P(T)=P[\varphi(X)]=F_S(t)=\sum_{j=1}^{m}\prod_{i=1}^{m_j}F_j^i(t) \qquad (3-15)$$

(2)最小割集之间相交的算法。多数情况下，故障树的多个最小割集会同时发生，而且同一个底事件也可能在多个最小割集中重复出现，即最小割集之间是相交的，其顶事件发生概率需用相容事件公式计算，则有

$$P(T)=P[K_1\bigcup K_2\bigcup\cdots\bigcup K_m]=\sum_{j=1}^{m}P[K_j(t)]-$$
$$\sum_{j<l=2}^{m}P[K_j(t)K_l(t)]+\sum_{j<l<k=3}^{m}P[K_j(t)K_l(t)K_k(t)]+ \qquad (3-16)$$
$$\cdots+(-1)^{m-1}P[K_1(t)K_2(t)\cdots K_m(t)]$$

式中：K_j——第 j 个最小割集；

K_l——第 l 个最小割集；

K_k——第 k 个最小割集。

由式(3-16)可以看出，当最小割集数目比较大时，计算量相当大，所以在实际工程应用中，往往取式(3-16)的首项或前两项来近似计算，则有

$$P(T)\approx S_1=\sum_{j=1}^{m}P[K_j(t)] \qquad (3-17)$$

$$S_2=\sum_{j<l=2}^{m}P[K_j(t)K_l(t)] \qquad (3-18)$$

$$P(T) \approx S_1 - S_2 = \sum_{j=1}^{m} P[K_j(t)] - \sum_{j<l=2}^{m} P[K_j(t)K_l(t)] \quad (3-19)$$

例 3 – 2 以图 3 – 11 为例,考虑最小割集之间相交的情况,计算故障树顶事件在某时刻发生概率的近似值,其中某时刻 $F_A = F_B = 0.2, F_C = F_D = 0.3, F_E = 0.36$。

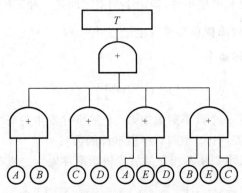

图 3 – 11 故障树示例

解:通过下行法或下行法可以求得故障树的最小割集为(过程不再细述)

$$K_1 = \{A, C\}$$
$$K_2 = \{B, D\}$$
$$K_3 = \{A, D, E\}$$
$$K_4 = \{B, C, E\}$$

(1) 按式(3-17)计算:

$$P_1(T) \approx S_1 = \sum_{j=1}^{m} P[K_j(t)] = P(K_1) + P(K_2) + P(K_3) + P(K_4)$$

$$P(K_1) = F_A F_C, \quad P(K_2) = F_B F_D$$
$$P(K_3) = F_A F_D F_E$$
$$P(K_4) = F_B F_C F_E$$

将各底事件在某时刻发生概率代入,可得

$$P_1(T) \approx 0.163\,2$$

(2) 按式(3-18)计算:

$$S_2 = P(K_1 K_2) + P(K_1 K_3) + P(K_1 K_4) + P(K_2 K_3) + P(K_2 K_4) + P(K_3 K_4)$$

$$P(K_1K_2)=P(K_1)P(K_2)$$
$$P(K_1K_3)=P(K_1)P(K_3)$$
$$P(K_1K_4)=P(K_1)P(K_4)$$
$$P(K_2K_3)=P(K_2)P(K_3)$$
$$P(K_2K_4)=P(K_2)P(K_4)$$
$$P(K_3K_4)=P(K_3)P(K_4)$$

将各底事件在某时刻发概率代入,可得
$$S_2=0.026\,496$$
由式(3-19)得
$$P_2(T)\approx S_1-S_2=0.136\,704$$
$$P_1(T)-P_2(T)=0.026\,496$$

很明显,两种计算结果差别不是很大,一般均可满足工程应用要求。

3.4 可靠性试验

可靠性试验是为了了解、评价、分析和提高装备可靠性而进行的试验总称。可靠性是装备的设计特性,但应通过试验予以考核、检验。因此,可靠性试验也是可靠性技术理论中的一项重要内容。

3.4.1 试验目的

可靠性试验的主要目的如下:
(1)确认装备可靠性是否达到了可靠性要求。
(2)验证装备可靠性设计及改进措施的合理性。
(3)发现装备在设计、元器件、部组件和工艺方面的各种缺陷,为改善装备可靠性提供信息。
(4)了解有关元器件、部组件、整机乃至整个系统的可靠性水平,为设计新装备可靠性提供依据。

3.4.2 试验分类

按照装备可靠性试验目的的不同,分为统计试验和工程试验。

1. 统计试验

为了检验装备是否满足规定的可靠性要求,可进行可靠性统计试验,主要包括可靠性鉴定试验和可靠性验收试验。

(1)可靠性鉴定试验(Reliability Verification Test)。这是为了确定装备可靠性指标是否与合同要求的可靠性指标一致,用有代表性的装备在规定条件下进行试验,其结果作为装备批准定型的依据。

(2)可靠性验收试验(Reliability Acceptance Test)。这是对已交付或可交付的装备在规定的条件下进行的试验,其结果作为装备可接收的依据。

2.工程试验

为了暴露装备的可靠性缺陷,以便采取纠正措施加以排除(或使其出现概率低于容许水平),可以进行可靠性工程试验。这种试验由装备承制方进行,若研制样机工程试验过程中出现可靠性缺陷(或故障),则及时采取补救措施(或更换故障件),并继续进行试验,然后进行总结性分析,以提高装备的可靠性。工程试验主要包括环境应力筛选试验和可靠性增长试验。

(1)环境应力筛选试验(Environment Stress Screening Test)。环境应力筛选试验是一种特定的筛选试验,是为了发现和排除不良元器件、部、组件和工艺缺陷和防止早期失效的出现,将加剧的环境应力(包括机械应力、电应力和热应力等)施加到产品上所做的一系列试验,其机理是通过加剧的应力在短时间将产品内部一些潜在的缺陷加速扩大,使其变成故障,尽早剔除不合格或可能有早期失效的产品,从而有效提高系统整机的可靠性。典型的试验形式有随机振动、温度循环及电应力。

(2)可靠性增长试验(Reliability Growth Test)。装备研制或初始生产中,可能存在设计或工艺方面的缺陷,导致其在试验或初期使用过程中故障和问题较多,需要采取纠正措施,根除故障产生的隐患,不断提高装备的可靠性,这个贯穿于装备的全寿命周期的过程,称之为可靠性增长。可靠性增长试验就是有计划控制和实现可靠性增长的一种特殊试验。

3.4.3 试验方案

1.统计试验方案

统计试验方案按照装备寿命分布特点,分为连续型试验方案和成败型试验方案。

1) 连续型试验方案

当产品的寿命服从指数、威布尔、正态或对数正态分布时，可以采用连续型试验方案。由于多数电子产品的寿命服从指数分布，再者有些寿命不严格服从指数分布的产品，在使用较长时间之后，其寿命也基本上服从指数分布。因此，目前国内外颁发的标准连续型试验方案都属于指数分布型。这里仅介绍寿命服从指数分布产品的试验方案，它分为全数试验、定时截尾试验、定数截尾试验和序贯截尾试验4种，其中定时截尾试验应用得较多，这里详细介绍定时截尾试验方案，有其他试验方案需求的读者可以自行查阅文献进行细致了解。

寿命指数分布产品的统计试验方案中共有以下5个参数：

(1) MTBF检验值的上限值θ_0。它是可以接收的MTBF值。当受试产品的MTBF真值接近θ_0时，相应试验方案以高概率接收该产品。要求受试产品的可靠性预计值$\theta_p > \theta_0$时，才能进行相应试验。

(2) MTBF检验值的下限值θ_1。

它是不可接收的MTBF值，当受试产品的MTBF真值接近θ_1时，相应试验方案以高概率拒收该产品。按照国军标《装备研制与生产的可靠性通用大纲》(GJB 450—2021)的规定，电子产品的θ_1应等于最低可接收的MTBF值。

(3) 鉴别比d。它是上限值与下限值的比值，$d = \theta_0/\theta_1$，d越大，则做出判断所需要的试验时间越长，所获得的试验信息也越多，一般取1.5,2或3。

(4) 生产方风险α。它是当产品的MTBF真值接近θ_0时被拒收的概率，即本来是合格的产品被判断为不合格而拒收，使生产方遭受损失的概率。

(5) 使用方风险β。它是当产品的MTBF真值接近θ_1时被接收的概率，即本来是不合格的产品被判断为合格而接收，使使用方遭受损失的概率。

生产方风险α、使用方风险β的取值一般为(0.1,0.3)。

下面我们详细介绍寿命服从指数分布产品的定时截尾试验方案。

随机抽取一组样本量为n的试验样本，进行可靠性寿命试验。试验进行到累计寿命达到预定值T^*时截止。设在试验过程中共出现r次故障，若$r \leqslant A_c$(为A_c接收数)，认为该批产品可靠性合格，则接收；若$r \geqslant R_e$(R_e为拒收数，$R_e = A_c + 1$)，认为该批产品可靠性不合格，则拒收。

设受试产品的可靠度为 $R(t)$，不可靠度为 $F(t)$，由于产品的寿命服从指数分布，若其故障率为 λ（一般很低），可得

$$R(t) = e^{-\lambda t} = 1 - \lambda t + \frac{1}{2!}\lambda^2 t^2 - \cdots \approx 1 - \lambda t$$

$$F(t) = 1 - e^{-\lambda t} \approx \lambda t$$

产品试验到时间 t 时，n 个受试验产品中，r 个产品出现故障的概率服从二项式分布，其概率为

$$C_n^r R(t)^{n-r} F(t)^r = C_n^r (1-\lambda t)^{n-r} (\lambda t)^r$$

当 $r \leqslant A_c$ 时，受试产品被接收的概率 $L(\lambda)$ 为

$$L(\lambda) = \sum_{r=0}^{A_c} C_n^r (1-\lambda t)^{n-r} (\lambda t)^r \tag{3-20}$$

在 $n\lambda t \leqslant 5$，$F(t) \leqslant 0.1$ 条件下，二项式分布可以用泊松分布近似，即

$$L(\lambda) = \sum_{r=0}^{A_c} \frac{(n\lambda t)^r}{r!} e^{-n\lambda t} \tag{3-21}$$

当 n 比较小时，$T^* \approx nt$，从而 $L(\lambda) \approx \sum_{r=0}^{A_c} \frac{(\lambda T^*)^r}{r!} e^{-\lambda T^*}$。

对于寿命服从指数分布的产品，其故障率 λ 与平均寿命 θ 互为倒数关系，即 $\lambda = 1/\theta$，则有

$$L(\theta) \approx \sum_{r=0}^{A_c} \frac{(T^*/\theta)^r}{r!} e^{-T^*/\theta} \tag{3-22}$$

可得

$$\begin{cases} L(\theta_0) \approx \sum_{r=0}^{A_c} \frac{(T^*/\theta_0)^r}{r!} e^{-T^*/\theta_0} \\ L(\theta_1) \approx \sum_{r=0}^{A_c} \frac{(T^*/\theta_1)^r}{r!} e^{-T^*/\theta_1} \end{cases}$$

求解上述方程，可得 T^* 和 A_c。

国军标《可靠性鉴定和验收实验》(GJB 899—2009)提供了标准型的定时试验方案参数数据。标准型试验方案中 α 和 β 的取值范围为 $10\% \sim 20\%$，鉴别比 $d = \theta_0/\theta_1$ 取值为 1.5，2.0 和 3.0。由于 A_c 和 R_e 都只能是整数，因此 $L(\theta_0)$ 及 $L(\theta_1)$ 只能尽量接近原定的 $(1-\alpha)$ 与 β。原定的 α、β 取值叫名义值，

其实际值记为 α'、β'，不同方案号试验数据取值见表 3-5。

表 3-5 标准定时截尾试验方案表

方案号	决策风险				鉴别比	试验时间	判决故障数	
	名义值/(%)		实际值/(%)				R_e	A_c
	α	β	α'	β'				
9	10	10	12.0	9.9	1.5	$45.0\theta_1$	37	36
10	10	20	10.9	21.4	1.5	$29.9\theta_1$	26	25
11	20	20	19.7	19.6	1.5	$21.6\theta_1$	18	17
12	10	10	9.6	10.6	2.0	$18.8\theta_1$	14	13
13	10	20	9.8	20.9	2.0	$12.4\theta_1$	10	9
14	20	20	19.9	21.0	2.0	$7.8\theta_1$	6	5
15	10	10	9.4	9.9	3.0	$9.3\theta_1$	6	5
16	10	20	10.9	21.3	3.0	$5.4\theta_1$	4	3
17	20	20	17.5	19.7	3.0	$1.3\theta_1$	3	2

选用定时截尾试验方案的程序如下：

第一步，在合同中规定，而且通常是由订购方提出可靠性指标时就提出检验要求，包括 θ_0、θ_1、α、β 及对应计算提到的鉴别比 $d=\theta_0/\theta_1$。

第二步，根据 θ_1、d、α、β 值查表，得相应的试验时间、接收数 A_c 及拒收数 $R_e=A_c+1$。

第三步，根据使用方规定的 MTBF 的验证区间或置信区间(θ_L,θ_U)的置信度 γ（建议 $\gamma=1-2\beta$），由试验现场数据估算出(θ_L,θ_U)和观测值 $\hat{\theta}$（点估计值）。当试验结果做出接收判决时，按照以下方法估计其平均寿命。

假设：试验过程中，各次故障事件相互独立，试验产品寿命服从指数分布。

假定样本数量为 n 的定时截尾试验结束后，共发生 r 次故障，每次发生故障的时间依次为 $t_1,t_2,\cdots,t_i,\cdots t_r$，则累计试验时间 T^* 为

$$T^*=\sum_{i=1}^{r-1}t_i+(n-r+1)t_r \quad (3-23)$$

则平均寿命 $\hat{\theta}$ 的点估计（极大似然估计量）为

$$\hat{\theta} = T^*/r \tag{3-24}$$

且存在 $2T^*/\theta \sim \chi^2(2r)$,可得以下结果:

(a) $\hat{\theta}$ 的以 $(1-\alpha)$ 为置信度的双边置信区间为

$$\hat{\theta} \in \left[\frac{2T^*}{\chi^2_{\alpha/2}(2r)}, \frac{2T^*}{\chi^2_{1-\alpha/2}(2r)}\right]$$

(b) $\hat{\theta}$ 的以 $(1-\alpha)$ 为置信度的单侧下限为

$$\hat{\theta} \leqslant \frac{2T^*}{\chi^2_{\alpha}(2r)}$$

例 3-3 设 $\theta_1=500$ h, $d=2$, $\alpha=\beta=20\%$。试设计一个寿命服从指数分布设备的可靠性定时截尾试验方案。

解: 由 $\alpha=\beta=20\%$,对照试验方案表,可得试验方案号为 14,其对应的试验时间为 $7.8\theta_1=7.8\times500$ h=3 900 h 接收数 $A_c=5$,拒收数 $R_e=6$。因此,设计该试验方案表述如下:

预定累计试验时间 $T^*=3\ 900$ h。当试验停止时,如果出现的故障数 $r\leqslant5$,则认为该产品可靠性合格,可以接收;如果试验累积时间未达到 3 900 h,故障数 r 达 R_e 时,则停止试验,认为该产品不合格,拒收。最后根据试验结果进行平均寿命估计。

2) 成败型试验方案

对于以成功率为指标的重复使用或一次使用的产品,可以选用成败型试验方案。成功率是指产品在规定的条件下试验成功的概率,其观测值可以定义为在试验结束时,成功的试验次数与总试验次数的比值。成败型试验方案是基于每次试验在统计意义上是独立的,且要求两次实验之间应按正常维护的要求进行合理的维护,以保证每次试验开始时的状况和性能都相同。

目前,成败型试验方案有 2 种,即序贯截尾试验方案和定数截尾试验方案,其共有 5 个参数。

(1) 可接收的成功率 R_0:当产品的试验成功率大于或等于 R_0 时,以高概率接收该批产品。

(2) 不可接收的成功率 R_1:当产品的试验成功率小于或等于 R_1 时,以高概率拒收该批产品,试验方案中的 R_1 应等于合同中规定的最低可接收的成功率(或可靠度)值。

(3) 鉴别比 $d=(1-R_1)/(1-R_0)$:一般取值为 1.5,2.0,3.0。

(4) 生产方风险 α:一般取值范围为 $[0.1,0.3]$。

(5)使用方风险 β：一般取值范围为$[0.1,0.3]$。

2. 工程试验方案

加速寿命试验是工程试验中最基本且最有效的可靠性工程试验方法，它通过加速产品失效，缩短了试验周期，且运用加速寿命模型还可以估算出产品在正常应力下的可靠性特征。

下述就加速寿命工程试验方案的问题提出、思路、分类、参数估计方法及试验组织做简单介绍。

1)高可靠性试验

高可靠性的元器件或者整机其寿命相当长，尤其是一些大规模集成电路，在正常环境应力下，工作长达数十万小时以上无故障。要得到此类产品的可靠性数量特征，一般意义下的截尾试验便无能为力。解决问题的方法，目前主要有以下两种试验方法：

(1)故障数为零的可靠性评定方法。假定产品寿命服从指数分布，对其进行定时截尾试验，试验方案要求累计试验时间为 T^*，生产方风险为 α，则该批产品定时截尾试验得出的产品平均寿命下限值 θ_L 为

$$\theta_L = T^* / \chi_\alpha^2 \quad (2)$$

(2)加速寿命试验方法。对于寿命相当长的高可靠元器件或整机，在正常应力条件下，通过数千小时的寿命试验来获取其可靠性数量特征是非常不现实的，但可以选用比正常应力高的应力条件进行寿命试验，使产品尽快出现故障，从而获取其可靠性试验参数。

2)加速寿命试验分类

(1)恒定应力加速寿命试验。它是将一定数量的试验样本分为几组，每组固定在一定的应力水平进行寿命试验，要求选取的各应力水平都高于正常工作条件下的应力水平，直到各组样本均有一定数量的样本产生故障（或失效）则停止试验。

(2)步进应力加速寿命试验。它是先选定一组高于正常工作条件的应力水平，应力由低到高分别为 $S_1, S_2, \cdots, S_i, \cdots, S_k$。刚开始时，先让样本在应力水平 S_1 下进行试验，经过一段时间后，把应力水平提高到 S_2，未失效的产品在应力水平下继续进行试验，如此继续下去，直到一定数量的产品发生故障（或失效）由停止试验。

(3)序进应力加速寿命试验。它是对试验样本不进行分组，试验应力水平也不分挡，在试验过程中，施加的应力水平随时间等速升高，直到一定数量的

试验样本发生故障(或失效)则停止试验。

上述3种加速寿命试验中,恒定应力加速试验更为成熟,目前它是国内外许多单位经常用来估计产品可靠性特征的试验方法。

3)恒定应力加速寿命试验参数估计

产品的寿命服从不同的分布函数,其参数估计方法也不同,这里以寿命服从威布尔分布的产品为例说明其参数估计方法。

(1)基本假定。

(a)试验产品的正常应力水平为 S_0,加速应力水平分别为 $S_1,S_2,\cdots,S_i,\cdots,S_k$。在任何水平下,产品的寿命服从或近似服从威布尔分布,其可靠度函数为

$$R(t)=\exp(-t/\eta)^m$$

式中:t——试验时间;

m——产品形状参数;

η——产品寿命参数(也称尺度参数)。

(b)在加速应力 $S_1,S_2,\cdots,S_i,\cdots,S_k$ 下试验产品的故障机理与正常应力水平 S_0 下的产品故障机理是相同的。由于寿命服从威布尔分布的产品,其形状参数反映了其故障机理,故有 $m_0=m_1=\cdots=m_i=\cdots=m_k$。

(c)确定产品的寿命参数与所加应力的关系,即产品的加速寿命方程为

$$\ln\eta=a+b\varphi(S) \qquad (3-25)$$

式中:a,b——待估参数;

$\varphi(S)$——应力的某一已知函数。

(2)图估法。威布尔分布条件下的图估法步骤如下:

(a)绘制不同加速应力下试验产品的寿命分布所对应的直线。

(b)利用威布尔概率纸上的每条直线,得出相应加速应力下的形状参数的估计值 $\hat{m}_i$ 和寿命参数的估计值 $\hat{\eta}_i$。

(c)将 k 个加速应力水平下产品形状参数的估计值 $\hat{m}_i$ 加权平均,作为正常应力 S_0 下试验产品的形状参数的估计值 $\hat{m}_0$,即

$$\hat{m}_0=\frac{n_1\hat{m}_1+n_2\hat{m}_2+\cdots+n_i\hat{m}_i+\cdots+n_k\hat{m}_k}{n_1+n_2+\cdots+n_i+\cdots+n_k} \qquad (3-26)$$

式中:n_i——试验样本中第 i 个分组中的样本数。

(d)在以 $\varphi(S)$ 为横坐标,以 $\ln\eta$ 为纵坐标的平面上描点,根据 k 个点 $(\varphi(S_1),\ln\eta_1),(\varphi(S_2),\ln\eta_2),\cdots,(\varphi(S_i),\ln\eta_i),\cdots,(\varphi(S_k),\ln\eta_k)$ 配置一条

直线,并利用这条直线,读出正常应力 S_0 下所对应的寿命参数估计值 $\hat{\eta}_0$ 的对数 $\ln\hat{\eta}_0$,即其反对数,即得其估计值 $\hat{\eta}_0$。

(e)在威布尔概率纸上做一条直线 L_0,其参数分别为 $\hat{m}$ 和 $\hat{\eta}_0$。

(f)利用直线 L_0,在威布尔概率纸上对产品的各种可靠性特征量进行估计。

4)恒定应力加速寿命试验组织

(1)加速应力 S 的选择。在加速寿命实验中,所选的加速应力主要包括机械应力(如压力、振动及撞击等)、热应力(如温度)和电应力(如电压、电流及功率等),若产品存在多种失效机理,则选择对产品失效起促进作用最大的应力作为加速应力。如部分电子元器件可以选择温度作为加速应力,而电容器则选择直流电压作为加速应力。

(2)加速应力水平 $S_1,S_2,\cdots,S_i,\cdots,S_k$ 的确定。确定加速应力水平 S_1,$S_2,\cdots,S_i,\cdots,S_k$ 的一个重要原则,就是在诸应力水平下,要保证产品的失效机理与正常应力水平 S_0 下的失效机理机同,若失效机理存在本质不同,会加速寿命试验失败。如晶体管的储存试验选择温度作为加速应力,若其加速寿命试验的最高应力水平的温度太高,会导致新机理产生的故障,所以这种试验最高温度不能设置得太高。

合理地确定 S_1 和 S_k 需要丰富的工程经验和专业的背景知识,也可以先做一些试验,预估出应力临界值后再确定 S_1 和 S_k,中间的应力水平 S_i,S_{k-1} 应适当分散,使得相邻应力水平的间隔比较合理。一般有以下 3 种取法:

(a)k 个应力水平按等间隔取值。

(b)温度按倒数成等间隔取值,即

$$\Delta = \left(\frac{1}{T_1} - \frac{1}{T_k}\right)/(k-1), \frac{1}{T_j} - \frac{1}{T_1} = (j-1)\Delta, j = 2,3,\cdots,k-1$$

(c)电压按对数成等间隔取值,即

$$\Delta = (\ln V_k - \ln V_1)/(k-1), \ln V_j = \ln V_1 + (j-1)\Delta, j = 2,3,\cdots,k-1$$

(3)试验样本的选取与分组。每一应力水平下的样本数可以相等也可以不相等。由于高应力水平下产品容易失效,低应力水平下产品不容易失效,所以在低应力水平下应多分一些样本,高应力水平下应少分一些样本,但一般情况下,每个应力水平下的样本数不宜少于 5 个。

(4)明确失效判据,测定失效时间。确定受试产品是否失效,应根据产品技术规范里明确的失效标准判断。如果有自动监测设备,应尽量记录每个失效产品的准确失效时间,若无法测出产品的准确失效时间;则可以采用定周期测试方法,根据每个周期样本发生的故障次数及测试周期对失效时间进行估算,且测试周期要根据产品的失效规律进行调整。若产品的失效规律是递减型,则测试周期安排时,可以先密后疏;若产品的失效规律是递增型,则测试周期安排时,可以先疏后密。

(5)试验的停止时间。最好能做到所有试验样本均失效,这样统计分析的精度高,若考虑试验时间太长,可以采用定时或定数截尾试验方案,但要求每个应力水平下有50%以上样本失效,确实存在困难,至少30%以上失效,以保证试验统计精度。

第4章 维修性基础理论

4.1 维修性的概念

4.1.1 维修的基本概念和分类

在介绍维修性之前,我们先了解一下维修的基本概念和分类。

1. 维修的基本概念

维修(Maintenance)是为使装备保持、恢复或改善到规定状态所进行的全部活动。它贯穿于装备服役全过程,其目的是保持装备处于规定状态,并预防故障及后果,在规定状态受到破坏(发生故障或失效)后,使其恢复到规定技术状态。维修既包括技术性活动,如状态检测、故障隔离、部组件拆卸、部组件安装、部组件更换以及零部件的校正调试等,也包括管理性活动,如装备使用或储存条件的监测,装备的运转时间及频率的控制等。

2. 维修的分类

按维修的目的与时机可将维修分为以下几种类型。

1) 预防性维修

预防性维修(Preventive Maintenance)是为预防装备发生故障或故障导致的严重后果,使其保持在规定状态所进行的全部活动。其目的是发现并消除故障隐患,防患于未然。这些活动包括擦拭、润滑、调整、检查、定期拆修和定期更换等。

2) 修复性维修

修复性维修(Corrective Maintenance)也称修复(Repair),是装备发生故障和损坏后,使其恢复到规定技术状态所进行的全部活动。这些活动包括检测故障、定位故障、隔离故障、分解装备、更换部组件、调校参数、检验效果以及修复故障件等。

3）改进性维修

改进性维修（Improvement Maintenance），是利用完成装备维修任务的时机，对装备进行经过上级批准后的改进或改装，以提高装备的性能或使之适合某一特殊用途。

4）应急性维修

应急性维修（Emergency Maintenance），是在特殊或紧急情况下，采用一定手段、措施或方法，使故障或损坏的装备快速恢复到规定技术状态或能完成特定任务所进行的维修活动。

4.1.2 维修性的定义

维修性与传统的维修要求很接近，但有着质的区别，有其明确的定义，即装备在规定的条件下和规定的时间内，按规定的程序和方法进行维修时，保持或恢复其规定状态的能力。"规定的条件"指维修的机构和场所，以及相应的人员、设施、设备、工具、备件以及技术资料等维修资源。"规定的程序和方法"是指按技术文件规定的维修工作类型（工作内容）、步骤及方法。"规定的时间"是指规定的维修时间。

装备能否在规定的约束条件下完成维修，受其设计与制造的影响，比如维修的部位是否方便操作，零部件是否可以互换，故障检测是否容易进行等，这些都是描述装备质量的因素，所以维修性也是装备的质量特性，它表现在装备预防性维修、修复性维修、改进性维修、应急性维修及软件维护过程中，但在描述不同装备时，其侧重点会有所不同，例如软件产品，习惯称之为软件维护性。

装备的维修性在其整个研制过程中都要进行设计、分析和验证，并有明确、具体的指标和要求，否则维修性工作就不会很完善，其定性及定量指标是由维修性工程总目标确定的，是受具体装备的任务需求影响的。

与可靠性类似，维修性也分为固有维修性和使用维修性。固有维修性也称设计维修性，是在理想条件下表现出来的维修性，它取决于装备的设计与制造；使用维修性是在实际使用过程中表现出来维修性，它不但受装备设计、制造的影响，还和装备的使用环境、维修组织制度、维修工艺水平、维修资源及维修管理有关，使用单位也更关心装备的使用维修性。

由于使用阶段的活动对装备维修性有很大的影响，因此，在使用过程中要通过多方面努力，采取措施保持甚至提高装备的维修性，并为新装备研制提供参考信息。

4.2 维修性的定性要求

定性要求是对装备维修简便、快速、经济的具体化,它有两个方面的作用:一是实现定量指标的具体技术途径或措施,以此设计实现定量指标;二是定量指标的补充,即有些无法用定量指标反映出来的要求,只能定性描述。对于不同装备,其维修性定性要求应当有所区别和侧重。

4.2.1 简化装备设计与维修

装备构造复杂,会带来其使用、维修复杂,并对装备维修人员的技能、装备技术资料以及备件器件等提出更高的要求,从而增加人力、时间以及各种资源的消耗,导致维修费用增长,最终影响装备的可用性。因此,简化装备设计与维修是主要的维修性要求。

1. 简化装备功能

简化装备功能就是消除装备不必要乃至次要的功能。通过分析装备每一层次的功能,找出并消除某个或某些不必要或次要的功能,从而将某个或某些零部件甚至某个模块简化,达到装备功能简化的目的。简化功能,不仅适用于主战装备,也适用于支援保障装备。

2. 合并装备功能

合并装备功能就是把相同或相似的功能合并在一起,简化功能执行过程,达到简化维修、节约资源的目的,其最有效的办法就是把执行相似功能的硬件适当地集成起来,便于使用人员操作。

3. 减少备件的品种与数量

减少备件的品种与数量既可以优化装备维修工具、设备和设施等维修资源,还可以使维修操作更加简单、方便,同时降低对人员维修技能的要求,但这是一个综合权衡的过程,要考虑对装备系统效能与及相关费用的影响。

4. 改善装备的维修可达性

维修可达性,是指进行装备维修时,接近维修部位的难易程度。通俗地讲,就是维修部位容易或能够"看得见、够得着",不需要拆装或移动其他部、组件。它取决于装备的设计构造,是影响装备维修性的主要因素之一。

5. 协调装备设计及其维修工作

装备的设计应当与维修方案相适应。装备设计时就要采用简单、成熟的设计和惯例,合理确定现场可更换单元(Local Replaceable Unit,LRU)、车间可更换单元(Shop Replaceable Unit,SRU),以便在规定的维修级别进行更换。

4.2.2 具有良好的维修可达性

良好的维修可达性,可以提高维修效率,减少维修差错,降低维修工时和费用。

要实现良好的维修可达性,主要措施有两种:①合理地设置各组成部分的位置,并要有适当的维修操作空间;②要提供便于观察、检测、维护和修理的通道。

(1)装备各部分的配置应根据其故障率的高低、维修的难易程度、尺寸和质量大小以及安装要求等统筹安排。

(2)避免各部分分别维修时交叉作业与干扰,尤其是机械、电气、液压系统维修中的互相交叉,可以设置专用舱体、专用机柜或其他形式布局。

(3)进行单项维修作业时,不拆卸、不移动或少拆卸、少移动其他部件,拆装要简便,尽量采用快速解脱紧固件连接,方便快速拆装。

(4)需要维修拆装的机件,其周围要有足够的操作空间,以方便使用测试工具。

(5)合理设置维修通道或舱口,使维修操作尽可能简单、方便,需要部件出入的通道口应尽量采用可快速开启的结构,如拉罩式、卡锁式和铰链式等。

(6)维修时应能看见内部具体的操作,即设置的通道除了能容纳维修人员的操作工具外,还应方便操作人员观察。在不影响装备性能的条件下,可采用无遮盖的观察孔,需遮盖的观察孔可用透明窗或快速开启的盖板。

4.2.3 提高标准化和互换性程度

提高标准化有利于装备的设计和制造,有利于备插件的供应、储备和调拨,从而使装备的维修更加便捷,特别适用于换件和的拆拼修理,对于系列化装备,更要提高标准化和互换性水平。

标准化的主要形式是系列化、通用化和组合化。系列化是对同类的一组装备同时进行标准化的一种形式,即对同类装备通过分析研究,将主要参数、样式、尺寸、基本结构等做出合理的规划与安排,协调同类装备和配套设备之间的关系。通用化是指同类型或不同类型的装备中,部分零部件相同,彼此可以通用。组合化又称模块化,是进行快速更换修理的有效途径。对于组成结构极其复杂的大型电子类装备必须考虑采用模块化设计。

互换性是指同种装备在几何外形、功能上能够彼此互相替换的性能,它也是进行快速换件修理、减少备件品种数量、优化备件供应的主要方面。

关于标准化、互换性设计的要求如下。

1. 优先选用标准件

研制装备时应优先选用标准化的设备、工具及零部件,并尽量减少其品种、规格。

2. 提高通用化程度

在不同装备中最大限度地采用通用的零部件,并尽量减少其品种,对于装备维修过程中使用的附件及工具,可以考虑选用性能参数满足相关要求的民用产品。

3. 尽量采用模块化设计

装备按照功能设计成若干个功能模块,每个功能模块再设计成若干个子模块,依次类推,并要求每层次模块均可现场更换,以提高维修效率。另外,各层次模块从装备上拆卸后,应便于单独测试;更换后的模块一般不需要进行调试即可正常工作,必须调试时,应该能够单独进行。

4. 具有完善的防差错措施及识别标记

墨菲定律指出"如果某件事存在犯错的可能,总会有人犯错"。装备维修本身就是维修事件,同样摆脱不了墨菲定律,常常会出现漏装、错装或其他错误操作,导致严重后果,因此必须采取措施防止维修差错。

防止维修差错主要从设计上采取措施,保证关键性的维修作业"错不了""不怕错"。"错不了"就是将装备设计成其维修作业不可能发生差错,错误的操作就不能执行,即发生差错就能禁止操作,从根本上消除人为差错的可能。"不怕错"就是装备设计时采用容错技术或措施,即使进行了错误的操作,也不会造成严重后果或将导致严重后果的链路切断。

装备设计除了要采取防差错措施外,还应设置警示识别标志,这是防差错的辅助手段,这样可以防止由于零部件识别不清或对于有危险的维修操作的警示不明显而导致严重后果。

4.2.4 保证维修安全

维修安全是指装备维修活动的安全,区别是维修安全性(是指避免维修人员伤亡或装备损坏的一种设计特性)。维修安全首先要做到操作安全,但操作安全不一定能保证维修安全,因为被维修的故障装备可能本身存在安全隐患,所以维修作业时还应考虑装备本身的安全问题。保证装备维修安全的一般要求如下:

(1)在装备设计时除做好装备维修安全性设计之外,还应根据相似装备维修经验和装备结构特点,结合采用事故树等手段,制定相应措施方法,保证维修各环节的安全。

(2)装备在设计时,应保证装备在故障状态或分解状态下进行维修是可以保证安全的。

(3)在可能发生操作危险的部件上,设置醒目的标识、警告等预防手段。

(4)严重危及装备及人员安全的操作应有自动保护措施,且易导致严重后果或易损坏的操作部位尽量设置在相对隐蔽的位置,防止人员误操作。

(5)凡与装备安装、使用、维修等安全有关的方面,均应在技术文件资料醒目位置中详细注明注意事项。

(6)对于高气压、高电压等储存大能量的部件的拆卸,应设有释放能量的结构或安全、可靠的拆装工具设备,保证拆装安全。

4.2.5 测试准确、快速、简便

维修的前提是找出故障隐患或发现故障,设计出准确、快速、简便的测试措施方法,可以有效地检测装备健康状态,极大地提高维修效率。

4.2.6 重视贵重件的可修复性

修复贵重件,主要是从经济的角度出发考虑问题,其目的也很简单,就是为了节省维修资源和降低维修成本,在保证效能的同时,尽量节约维修费用。为使贵重件便于修复,应考虑以下几方面。

(1)贵重件应设计成能够通过简便、可靠的调整装备,消除其因工作消耗引起的常见故障。

(2)对于容易发生局部耗损的贵重件,应设计成可拆卸的组合件,便于局部修复或更换。

(3)需要加工才能修复的贵重零部件,要保证其加工后的质量特性和工作

性能。可以制定专门的修复方法或标准。

（4）需要热加工才能修复的贵重零部件,其材料要有足够的刚性,防止热加工导致变形,影响工作性能。特别地,对于需要焊接修复的零部件,其材料应具有可焊接性。

（5）修复贵重件所用的材料,应选用方便实用且供应充足的,采用新材料、新工艺时,一定要考虑修复的时效性,不能光求"新"。

4.2.7 符合人素工程要求

人素工程(Human Factors Engineering)主要分析研究如何将人与机器有效结合及人对环境的适应和人对机器的有效利用等问题。维修中的人素工程则是分析研究如何协调优化人的生理因素、心理因素、人的体形与装备及所处环境的相互关系,达到提高维修效率、减轻人员疲劳等方面的问题。其基本要求如下:

（1）考虑维修人员操作时所处的位置、姿势与工具的状态,根据对人体的平均测量数据,提供适当的空间,确保维修人员处于较为合理的维修状态,尽量避免以"跪、卧、蹲、趴"等姿势进行维修操作。

（2）对维修现场的噪声进行优化管控,也可以在不影响操作的前提下,对操作人员进行噪声防护。

（3）保证维修部位的照明条件,根据装备本身或现场要求合理设置人工照明设施设备。

（4）对于大型器件的拆装修复,要考虑维修人员的力量极限,必要时设置相应的辅助设备或工具。

（5）避免工作负荷太大或难度很大的维修操作,以保证维修人员的维修质量和效率,也就是要做好装备的修理级别分析(Level of Repair Analysis,LORA)。

4.3　维修性的定量要求

对于装备的维修性设计来说,仅有定性要求是不够的,还必须将其量化,以便进行计算、验证和评估,并能与其他的质量特性进行权衡分析。维修性通过其参数描述,参数要求的量值称为维修性指标。下面我们先了解一下维修性的概率和时间度量。

4.3.1 维修性度量函数

维修性通过维修时间表征,而维修时间是一个随机变量,因此需要用概率论的方法来研究维修时间的各种统计数据来进行度量。

1. 维修度函数 $M(t)$

维修性用概率来表示,就是维修度,即装备在规定的条件下和规定的时间内,按照规定的程序和方法进行维修时,保持或恢复其规定状态的概率,可表示为

$$M(t) = P\{T \leqslant t\}$$

即在一定条件下,规定维修时间 T 小于或等于完成维修的时间 t 的概率,它是一个概率分布函数。对于不可修复系统,$M(t)$ 等于零;对于可修复系统,$M(t)$ 是规定维修时间的递增函数,且 $\lim\limits_{t \to 0} M(t) = 0, \lim\limits_{t \to \infty} M(t) = 1$。

维修度函数 $M(t)$ 和故障分布函数 $F(t)$ 的数学描述类似,也可以按照统计定义通过试验数据求得,即

$$M(t) = \lim_{t \to 0} \frac{n(t)}{N} \tag{4-1}$$

式中:N——维修的总次数;

$n(t)$——t 时间内完成维修的次数。

工程应用时,用估计量 $\hat{M}(t)$ 来近似表示 $M(t)$,即

$$\hat{M}(t) = n(t)/N \tag{4-2}$$

2. 维修密度函数 $m(t)$

维修密度函数 $m(t)$ 与故障密度函数 $f(t)$ 的数学描述类似,即在规定的条件下进行维修的产品,在 t 时刻后 $\Delta t (\Delta t \to 0)$ 时间内完成维修的概率与时间 $\Delta t (\Delta t \to 0)$ 的比值,函数形式为 $m(t) = \lim\limits_{\Delta t \to 0} \dfrac{P\{t < T \leqslant t + \Delta t\}}{\Delta t}$,它是维修度函数的一阶导数,即

$$m(t) = M'(t) = \frac{M(t)}{\mathrm{d}t} = \lim_{\Delta t \to 0} \frac{M(t + \Delta t) - M(t)}{\Delta t} \tag{4-3}$$

工程应用中,也可以用估计量 $\hat{m}(t)$ 进行计算,即

$$\hat{m}(t) = \frac{\hat{M}(t + \Delta t) - \hat{M}(t)}{\Delta t} = \frac{n(t + \Delta t) - n(t)}{N \Delta t} = \frac{\Delta n(t)}{N \Delta t} \tag{4-4}$$

式中:$\Delta n(t)$——从 t 到 $t + \Delta t$ 的 Δt 时间内完成维修的次数。

3. 修复率函数 $\mu(t)$

修复率函数 $\mu(t)$ 与故障率函数 $\lambda(t)$ 的数学描述类似，它表示在 t 时刻未能修复的产品，在 t 时刻以后单位时间内修复的条件概率，即 $\mu(t) = \lim\limits_{\Delta t \to 0} \dfrac{P\{t < T \leqslant t + \Delta t \mid T > t\}}{\Delta t}$，同样可以用下式求得：

$$\mu(t) = \lim_{\Delta t \to 0} \frac{M(t+\Delta t) - M(t)}{\Delta t} \cdot \frac{1}{1-M(t)} = \frac{M'(t)}{1-M(t)} = \frac{m(t)}{1-M(t)} \tag{4-5}$$

$$\mu(t) = \lim_{\Delta t \to 0} \frac{n(t+\Delta t) - n(t)}{[N-n(t)]\Delta t} = \lim_{\Delta t \to 0} \frac{\Delta n(t)}{N_t \Delta t} \tag{4-6}$$

式中：N_t——t 时刻尚未修复数（或正在维修数）。

函数形式与故障率函数 $\lambda(t) = \dfrac{f(t)}{1-F(t)}$ 一致，所以故障分布函数 $F(t)$ 与故障率函数 $\lambda(t)$ 的关系适用于修复率，即

$$M(t) = 1 - \exp\left[-\int_0^t \mu(t)\,\mathrm{d}t\right] \tag{4-7}$$

工程应用中，修复率同样可以用估计量 $\hat{\mu}(t)$ 计算，即

$$\hat{\mu}(t) = \frac{\Delta n(t)}{N_t \Delta t} \tag{4-8}$$

4.3.2 维修时间的统计分布

装备的维修时间可用某种统计分布来描述，装备不同，维修时间分布也不同，其具体的分布可以根据维修试验数据进行分析确定。常用的维修时间分布函数有指数分布、正态分布及对数正态分布。

1. 指数分布

若维修时间服从修复率为 μ 的指数分布，则其维修性相关函数分别为

$$M(t) = 1 - \mathrm{e}^{-\mu t}$$

$$m(t) = \mu \mathrm{e}^{-\mu t}$$

$$\mu(t) = \frac{m(t)}{1-M(t)} = \mu$$

上述公式表明，若维修时间服从指数分布，则其修复率函数为常数 μ，表示在相同的时间间隔内，装备被修复的条件概率相同，这点可以对比寿命服从指数分布的装备的故障率来理解，其数学描述是一致的。

维修时间统计分布的特征量是其数据期望 $E(t)$，由维修时间均值定义可得平均维修时间

$$\bar{M} = E(t) = \int_0^\infty tm(t)\,\mathrm{d}t = \int_0^\infty \mu t \mathrm{e}^{-\mu t}\,\mathrm{d}t = \frac{1}{\mu} \qquad (4-9)$$

可见，若维修时间服从指数分布，其平均维修时间 $\bar{M}$ 是其修复率 μ 的倒数。

对于经短时间调整或迅速换件即可修复的装备，一般可用指数分布描述其维修时间分布，很多电子类装备的维修时间就可以用指数分布进行分析描述。

2. 正态分布

若维修时间服从正态分布，即 t 服从 $N(\mu,\sigma^2)$ 的正态分布，则其维修性度量函数分别为

$$\begin{cases} M(t) = \dfrac{1}{\sigma\sqrt{2\pi}} \int_0^t \exp\left[-\dfrac{1}{2}\left(\dfrac{t-\mu}{\sigma}\right)^2\right] \mathrm{d}t \\[2mm] m(t) = \dfrac{1}{\sigma\sqrt{2\pi}} \exp\left[-\dfrac{1}{2}\left(\dfrac{t-\mu}{\sigma}\right)^2\right] \\[2mm] \mu(t) = \dfrac{m(t)}{1-M(t)} = \dfrac{\dfrac{1}{\sigma\sqrt{2\pi}}\exp\left[-\dfrac{1}{2}\left(\dfrac{t-\mu}{\sigma}\right)^2\right]}{1 - \dfrac{1}{\sigma\sqrt{2\pi}}\int_0^t \exp\left[-\dfrac{1}{2}\left(\dfrac{t-\mu}{\sigma}\right)^2\right]\mathrm{d}t} \end{cases}$$

式中：μ——维修时间均值，通常取观测值 $\mu = \bar{M} = \sum\limits_{i=1}^{n_r} t_i/n_r$（$t_i$ 为第 i 次维修时间，n_r 为维修次数）；

σ——维修时间标准差：

$$\sigma = \sqrt{\sum_{i=1}^{n_r}(t_i - \bar{M})^2/(n_r-1)}$$

由维修时间均值定义，也可利用其数学期望公式计算平均维修时间 $\bar{M}$，则有

$$\bar{M} = E(t) = \int_0^\infty tm(t)\,\mathrm{d}t = \mu \qquad (4-10)$$

正态分布可用于描述单项维修活动或简单的维修作业的时间分布，但此种分布不适合描述较为复杂的整机产品的维修时间分布。

3. 对数正态分布

若维修时间服从对数正态分布,则其维修时间 t 取对数后服从正态分布,也就是说 $\ln t = Y$ 服从 $N(\mu,\sigma^2)$ 的正态分布,其维修性函数为

$$M(t) = \frac{1}{\sigma\sqrt{2\pi}} \int_0^t \frac{1}{t} \exp\left[-\frac{1}{2}\left(\frac{\ln t - \mu}{\sigma}\right)^2\right] dt$$

$$m(t) = \frac{1}{\sigma t \sqrt{2\pi}} \exp\left[-\frac{1}{2}\left(\frac{\ln t - \mu}{\sigma}\right)^2\right]$$

$$\mu(t) = \frac{m(t)}{1-M(t)} = \frac{\dfrac{1}{\sigma t \sqrt{2\pi}} \exp\left[-\dfrac{1}{2}\left(\dfrac{\ln t - \mu}{\sigma}\right)^2\right]}{1 - \dfrac{1}{\sigma\sqrt{2\pi}} \int_0^t \dfrac{1}{t} \exp\left[-\dfrac{1}{2}\left(\dfrac{\ln t - \mu}{\sigma}\right)^2\right] dt}$$

式中:μ——维修时间对数均值,取观测值 $\overline{Y} = \sum\limits_{i=1}^{n_r} \ln t_i / n_r$($t_i$ 为第 i 次维修时间,n_r 为维修次数);

σ——维修时间对数标准差:

$$\sigma = \sqrt{\sum_{i=1}^{n_r} (\ln t_i - \overline{Y})^2 / (n_r - 1)}$$

由维修时间均值定义可得平均维修时间为

$$\overline{M} = E(t) = \int_0^\infty t m(t) \, dt = e^{\mu + \sigma^2/2} \qquad (4-11)$$

对数正态分布是一种不对称分布,其特点是在维修前期(还未到达平均维修时间之前)单位时间内完成维修的概率(维修密度)较高,后期时间越久,单位时间内完成维修的概率则越低。

4.3.3 维修性参数

1. 维修持续时间参数

维修持续时间是装备维修性中的主要指标,它直接影响装备的可用性、完好性,同时也受维修费用约束。

1)平均修复时间 $\overline{M}_{rt}$(Mean Time to Repair,MTTR)

它是排除装备故障实际修复时间的平均值,计算方法如下:

$$\overline{M}_{rt} = \sum_{i=1}^n t_i / n \qquad (4-12)$$

式中：t_i——第 i 次故障修复所用时间；
　　　n——总的修复次数。

当装备由 m 个可修复模块（分系统、功能模块、组合或部件等）组成且各模块寿命服从指标分布时，其平均修复时间 $\bar{M}_{rt}$ 为

$$\bar{M}_{rt} = \sum_{j=1}^{m} \lambda_j \bar{M}_{rt} / \sum_{j=1}^{m} \lambda_j \qquad (4-13)$$

式中：λ_j——第 j 模块的故障率；
　　　$\bar{M}_{rtj}$——第 j 个模块故障时的平均修复时间；
　　　m——组成装备的模块数量。

需要注意的几点要求如下：

(1) 平均修复时间包括装备修复的准备时间、故障检测诊断隔离时间、拆装时间、调校时间、检验时间以及启动时间等，但不考虑供应和行政管理延误时间。

(2) 不同的维修级别（或不同的维修条件），同型装备的相同模块的平均修复时间也可能不同，在提供该指标时要明确具体的维修级别或条件。

(3) 平均修复时间是对维修性的基本度量，它包括装备寿命剖面各种故障的修复。

2) 平均预防性维修时间

它是装备开展预防性维修作业所需时间的均值，其计算公式为

$$\bar{M}_{pt} = \sum_{j=1}^{k} f_j \bar{M}_{ptj} / \sum_{j=1}^{k} f_j \qquad (4-14)$$

式中：f_j——第 j 项预防性维修作业的频率，通常以装备每工作小时分担的
　　　　　　第 j 项维修作业数表征；
　　　$\bar{M}_{ptj}$——第 j 项预防性维修作业所需要的平均时间；
　　　k——装备需要进行的预防性维修作业的数量。

注意：预防性维修时间也不包括供应和行政管理延误时间。

3) 平均维修时间

平均维修时间是装备所有维修所需时间的均值，它包括修复性维修和预防性维修，其计算公式（假设各模块寿命服从指数分布）为

$$\bar{M} = (\bar{M}_{rt} \sum_{j=1}^{m} \lambda_j + \bar{M}_{pt} \sum_{j=1}^{k} f_j) / (\sum_{j=1}^{m} \lambda_j + \sum_{j=1}^{k} f_j) \qquad (4-15)$$

注意：λ_j 和 f_j 要保持量纲一致（即量纲为 h^{-1}）。

4)最大修复时间

在实际使用过程,使用单位更关心故障装备能在多长时间内完成维修,即装备的最大修复时间,它是装备达到规定维修度或完成全部工作的规定百分数(通常为 95% 或 90%)所需的修复时间,记作 $M_{\max}(0.95)$,其计算方法根据维修度函数具体形式进行反推即可得到,即由 $M(t)=0.95$ 计算对应 t 的大小,则 $t=M_{\max}(0.95)$。

5)恢复功能的任务时间(Mission Time to Restore Function,MTTRF)

它是排除致命性故障所需实际时间的均值,是在规定的任务剖面中,产品致命性故障总的修复时间与致命性故障总次数的比值,是对任务维修性的度量。

6)维修停机时间率 $\bar{M}_{\mathrm{DT}}$

维修停机时间率是装备单位工作时间内的平均维修停机时间,它包括修复性维修停机时间率和预防性维修停机时间率(假设各模块寿命服从指数分布),即

$$\bar{M}_{\mathrm{DT}} = \sum_{j=1}^{m} \lambda_j \bar{M}_{\mathrm{rt}j} + \sum_{j=1}^{k} f_j \bar{M}_{\mathrm{pt}j} \tag{4-16}$$

式中:$\sum_{j=1}^{m} \lambda_j \bar{M}_{\mathrm{rt}j}$——修复性维修停机时间率,即单位工作小时内的平均修复性维修时间,可以用装备修复性维修时间之和与其总工作时间的比值计算;

$\sum_{j=1}^{k} f_j \bar{M}_{\mathrm{pt}j}$——预防性维修停机时间率,即单位工作小时内的平均预防维修时间,可以用装备预防性维修时间之和与其总工作时间的比值计算。

2. 维修工时参数

维修工时参数反映维修的人力和机时消耗,直接关系到维修力量配置和维修费用使用。常用的维修工时参数是维修工时率 M_{I},它是维修人员单位工作时间内的平均维修时间,它是装备在规定的使用期间内维修工时数 T_{M} 与维修人员的工作小时数 T_{W} 的比值,即

$$M_{\mathrm{I}} = T_{\mathrm{M}}/T_{\mathrm{W}} \tag{4-17}$$

3. 维修费用参数

维修费用参数是考虑可靠性、维修性参数的综合度量,可以用年平均维修

费用表征,也可根据需要用小时平均维修费用表征,甚至可以用每次维修拆装零部件所用费用及其他相关费用综合表征。

4. 测试性参数

测试性参数反映装备是否便于测试(或装备本身就能完成某些测试功能)和隔离其内部故障,主要参数如下。

1) 故障检测率(r_{FD})

被测试项目在规定期间内发生的所有故障,在规定条件下用规定的方法能够正确检测出的百分数,即

$$r_{FD} = \frac{N_D}{N_T} \times 100\% \qquad (4-18)$$

式中:N_D——被检测出的故障数;
$\quad\ N_T$——发生的故障总数。

若装备各模块寿命服从指数分布,则可以用故障率进行计算,即

$$r_{FD} = \frac{\lambda_D}{\lambda} = \frac{\sum_{i=1}^{l} \lambda_{Di}}{\sum_{i=1}^{m} \lambda_i} \times 100\% \qquad (4-19)$$

式中:l——被检测出的故障模块数;
$\quad\ m$——组成装备的模块数;
$\quad\ \lambda_{Di}$——被检测出故障模块的故障率;
$\quad\ \lambda_i$——各组成模块的故障率。

2) 故障隔离率(r_{FI})

被测试项目在规定期间内已被检测出的所有故障,在规定条件下用规定方法能够正确隔离到规定个数(L)以内可更换单元的百分数,即

$$r_{FI} = \frac{N_L}{N_D} \times 100\% \qquad (4-20)$$

当 $L=1$ 时是确定(非模糊)性隔离,要求将故障直接隔离到需要更换或修复的一个明确单元;当 $L>1$ 时为不确定(模糊)性隔离,即机内测试(Built in Test,BIT)或其他检测设备只能将故障隔离到两个至 L 个单元,L 表示隔离的分辨力,称为模糊度。

若装备各模块寿命服从指数分布,则可以参考故障检测率进行计算。

3) 虚警率(r_{FA})

BIT 或其他检测设备指示被测项目有故障,而实际该项目无故障的现象

称为虚警(False Alarm,FA)。虚警故障虽然不会造成装备或人员的损伤,但它会增加不必要的维修工作,降低装备的可用度,甚至延误任务。虚警率是在规定的期间内发生的故障虚警数与故障检出总数的比值,则有

$$r_{FA} = \frac{N_{FA}}{N_D^* + N_{FA}} \times 100\% \qquad (4-21)$$

式中:N_{FA}——规定的期间内的虚警故障次数;

N_D^*——规定的期间内的真实故障次数;

若装备各模块寿命服从指数分布,则可以用故障率和虚警频率进行计算,即

$$r_{FA} = \frac{\sum_{i=1}^{p} \delta_i}{\sum_{i=1}^{l} \lambda_{Di} + \sum_{i=1}^{p} \delta_i} \times 100\% \qquad (4-22)$$

式中:p——导致虚警事件的次数;

δ_i——第 i 个导致虚警事件的频率。

4.3.4 维修性参数的选择

确定和提出维修性定量要求,先要选择适当的参数,以表达使用方的需求。同可靠性类似,维修性参数也分使用参数和合同参数,使用部门或订购方在装备论证时用使用参数和使用指标对装备维修性提出要求,经过与承制方协商转换为合同参数和合同指标。

选择维修性参数时要考虑以下几点:

(1)装备的使用需求是选择维修性参数时要考虑的首要因素。

(2)装备的构造特点是选定参数的主要因素。

(3)维修性参数选择还要和预期的维修方案结合起来考虑。

(4)选择维修性参数时还必须同时考虑如何考核和验证。

4.3.5 维修性指标的确定

同可靠性一样,维修性使用指标也分目标值、门限值,合同指标分为规定值和最低可接受值。

选择维修性指标时要考虑以下几点:

(1)装备使用需求是确定维修性指标的主要依据。

(2)确定维修性指标应参考国内外(主要是国内)现役同类装备的维修性

水平。

(3)采用新技术、新工艺,要考虑对装备维修性的影响。

(4)现行的装备维修体制、管理制度以及维修时间的限制,是确定维修性指标的重要因素。

(5)维修性指标的确定应与可靠性、寿命周期费用、研制进度等多种因素进行综合权衡。

4.4 维修性模型

4.4.1 维修性模型的作用

与可靠性模型相似,维修性模型是维修性分析与评价的重要基础或手段,它主要用于:

(1)进行维修性分配,即把系统级的维修性要求,分配给分系统级及以下各个层次。

(2)评价维修性设计方案,为维修性设计决策提供依据。

(3)进行灵敏度分析,明确相关参数变化对装备维修性、可用性及维修费用的影响。

4.4.2 维修性模型的分类

维修性模型按其反映的内容,有狭义和广义之分。狭义的维修性模型是表达装备维修性与各组成单元维修性关系的模型以及维修性与设计特征关系的模型,主要用于维修性分配、预计以及评价;广义的维修性模型是那些与维修性相关的模型,比如可用度、完好性、系统效能以及寿命周期费用模型等。这里主要介绍狭义的维修性模型,从模型的形式区分,分为框图模型和数学模型。

4.4.3 维修性框图模型

1. 维修职能流程框图

维修职能是一个统称,可以指实施装备维修的级别(如基层级、基地级),也可以指在某一具体维修级别上实施维修的各项活动及其时序。

为了进行维修性分析、评估及分配,往往需要掌握维修实施的过程及各项维修活动之间的关系,维修职能流程框图则可以解决这一问题,仅从某一维修级别来讲,它是装备进入维修直至完成最后一项维修工作,使装备恢复或保持其规定状态所进行维修活动的流程框图。

以基层级维修为例,其维修职能的一般流程框图如图4-1所示。

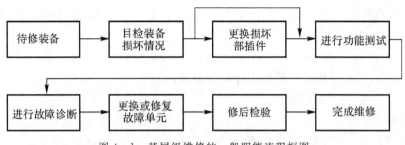

图4-1 基层级维修的一般职能流程框图

2. 维修功能层次框图

维修职能流程框图是根据维修的各项任务、具体活动的前后关系进行横向描述的,维修功能层次框图是从纵向按照装备组成层次,并根据装备各层次维修任务、活动的关系,给出各层次的维修功能关系,即从装备到可更换单元的各层次所需的维修措施和维修特征的框图,从而进一步说明维修职能流程框图中有关装备和维修职能的细节。

装备功能层次的分解按照其结构(或功能单元)自上而下进行,逐级分解到能够进行故障定位、故障修复或功能调整的层次为止。分解时还可以结合维修方案给出相应的维修策略,还可以把有关的维修指标与框图关联在一起,方便进行维修性分配、预计和分析。

4.4.4 维修性数学模型

1. 串行作业模型

在维修工程中,一次维修事件由若干维修活动组成,其各项维修活动由若干基本维修作业组成,如果各项维修作业首尾相连,前一作业完成时后一作业开始,既不重叠又不间断,则称为串行作业。

假设某项维修活动的时间为 T,完成该维修活动需要 n 个基本维修作

业,每项维修作业的需要时间为 $T_i(i=1,2,\cdots,n)$,且它们之间相互独立,则

$$T=T_1+T_2+\cdots+T_i+\cdots+T_n=\sum_{i=1}^{n}T_i$$

由此可得,该项维修活动的维修度 $M(t)$ 为

$$M(t)=P\{T\leqslant t\}=P\{T_1+T_2+\cdots T_i\cdots+T_n\leqslant t\}$$

由概率统计可知,$P\{T_1+T_2+\cdots T_i\cdots+T_n\leqslant t\}$ 是联合概率分布,可以用卷积公式计算,即

$$M(t)=P\{T_1+T_1+\cdots+T_1\leqslant t\}=M_1(t)*M_2(t)*\cdots*M_i(t)\cdots*M_n(t)$$

式中:$M_i(t)$——第 i 项维修作业的维修度;

*——卷积运算。

故可得

$$M(t)=\int_{-\infty}^{t-t_1}\cdots\int_{-\infty}^{t-t_1\cdots-t_i}\cdots\int_{-\infty}^{t-t_1\cdots t_i\cdots t_n}m_1(t_1)\cdots m_i(t_i)\cdots m_n(t_n)\,\mathrm{d}t_1\cdots\mathrm{d}t_i\cdots\mathrm{d}t_{n+1}$$

若各基本维修作业的维修时间均服从指数分布,且修复率均为常数 μ,则可以求得该维修活动的维修度函数为

$$M(t)=\sum_{i=0}^{n-1}\frac{(\mu t)^i}{i!}\mathrm{e}^{-\mu t} \tag{4-23}$$

2. 并行作业模型

组成维修活动的各项基本维修作业同时开始进行,称之为并行作业。

并行维修作业的维修持续时间是各基本维修作业时间的最大值,即

$$T=\max(T_1,T_2,\cdots,T_i,\cdots,T_n)$$

该维修活动的维修度为

$$\begin{aligned}M(t)=P\{T\leqslant t\}&=P\{\max(T_1,T_2,\cdots,T_i\cdots,T)\leqslant t\}=\\&P\{T_1\leqslant t,T_2\leqslant t,\cdots T_i\leqslant t,\cdots,T\leqslant t_n\}=\prod_{i=1}^{n}M_i(t)\end{aligned} \tag{4-24}$$

即并行作业维修活动的维修度是其基本维修作业维修度的乘积。

3. 网络作业模型

有些维修活动较为复杂,既不是串行作业也不是并行作业,则需要用网络作业模型来描述,并采用网络计算技术进行计算。这些模型主要用来分析研究大型复杂装备的维修时间分布,因为不同装备的维修活动网络作业模型结构千差万别,所以没有统一的模型表述形式,需要具体问题具体分析,这里不再细述。

4.5 软件的可维护性

软件可维护性是软件产品的一种质量特性,它反映对软件进行维护的难易程度。软件可维护性与装备维修性在含义上是一致的,但其产生的原因、目的以及解决途径存在很大差别,所以两者区别还是很大的。目前关于软件可维护性的分析研究很多,但较为科学、合理、准确且能被广大学者完全接受的表述尚未形成,笔者也仍在研究阶段,所以此问题仍需讨论。

4.6 人对系统维修性的影响

装备或设备的维修工作都是由人来完成的,同样,人与装备或设备的维修性关系也非常密切。实践表明,产品的维修性可以通过人员的操作在一定范围有所提升。随着装备智能化和一体化维修程度的进一步发展,人对系统维修性的影响也将越来越大。

如果在装备设计和研制阶段就考虑人对装备维修性的影响,并对其进行分析,在设计中给予适当考虑,通过研制单位、专业院校,联合相关培训机构,加大对相关人员的培训,则可以提高人员的装备操作技能,减少人对维修性的影响,从而提高装备的维修性。

第5章 维修性的技术理论

5.1 维修性分配

维修性分配,就是在装备研制或改进过程中,根据系统总的维修性指标,将其分配到各功能层次的各个部分,以便明确每个功能层次各部分的维修性指标,与可靠性分配相比,维修性分配除了考虑装备的功能层次之外,还应考虑维修的具体级别,区分基层级和基地级。

5.1.1 目的与作用

(1)为系统或设备各部分的研制者提供维修性设计指标,以保证系统或装备最终符合规定的维修性要求。

(2)通过维修性分配,明确各承制方或供应方的装备维修性指标,以便于系统承制方对其实施管理。

维修性分配是装备研制与改进中必不可少的一项维修性工作,只有合理分配维修性指标,才能避免维修性设计的盲目性。科学、合理的维修性分配方案,可以使系统经济而有效地达到规定的维修性目标。维修性分配的主要指标包括平均修复时间(Mean Time to Repair,MTTR)、平均预防维修时间(Mean Preventive Maintenance Time,MPMT)和维修工时率。

5.1.2 分配方法

由 4.2 所述可知,系统的维修性参数(比如平均修复时间的计算公式)是由其子系统的故障率及子系统的平均修复时间加权确定的,因此,满足该关系式的形式可能有很多种,也就有各种不同的分配方法。

第 5 章 维修性的技术理论

1. 等值分配法

各子系统分配的维修性指标相等,以平均修复时间分配为例,各子系统平均修复时间 $\bar{M}_{cti}$ 分配如下:

$$\bar{M}_{ct1} = \bar{M}_{ct2} = \cdots \bar{M}_{cti} \cdots = \bar{M}_{ctn} = \bar{M}_{ct} \quad (5-1)$$

式中:n——组成系统的各子系统数量。

这是最简单的维修性分配方法,其适用条件:级成系统的各子系统的复杂程度、故障率以及维修难易程度大致相同。当可靠性、维修性数据不足时,也可以用此方法进行初步分配。

2. 故障率分配法

仍以平均修复时间为例,故障率分配法是令各子系统的平均修复时间 $\bar{M}_{cti}$ 与其故障率 λ_i 成反比,即 $\lambda_1 \bar{M}_{ct1} = \lambda_2 \bar{M}_{ct2} = \cdots \bar{M}_{cti} \cdots = \lambda_n \bar{M}_{ctn}$,代入平均修复时间计算公式,则有

$$\bar{M}_{ct} = \sum_{i=1}^{n} \lambda_i \bar{M}_{ct} i / \sum_{i=1}^{n} \lambda_i$$

得

$$\bar{M}_{ct} = n\lambda_i \bar{M}_{cti} / \sum_{i=1}^{n} \lambda_i$$

从而得到各子系统分配的平均修复时间为

$$\bar{M}_{cti} = \bar{M}_{ct} \sum_{i=1}^{n} \lambda_i / n\lambda_i \quad (5-2)$$

式中:n——组成系统的各子系统数量。

由式(5-2)可知,子系统的故障率越高,分配给它的平均修复时间越短;反之越长,从而保障了系统的规定的可用性和完好性。

3. 复杂性分配法

一般情况下,装备的结构越简单,其可靠性相对越高,可用性指标容易达到要求;反之,装备结构越复杂,其可靠性相对越低,可用性指标较难达到要求。因此,在进行维修性分配时,考虑可用性实现的难易程度,按照可用度[平均故障间隔时间/(平均故障间隔时间+平均修复时间)]进行分配,再根据可用度与可靠性、维修性的关系式导出分配的平均修复时间。

定义复杂因子 K_i,它是第 i 个被分配子系统的元件总数与系统的元件总

数的比值,则第 i 个子系统的可用度分配值 A_i 与其复杂因子 K_i 及系统可用度 A_S 的关系为

$$A_i = A_S^{K_i} \tag{5-3}$$

由可用度定义,可知

$$A_i = \mathrm{MTBF}_i / (\mathrm{MTBF}_i + \mathrm{MTTR}_i)$$

式中:MTBF_i——第 i 个子系统的平均故障间隔时间;

MTTR_i——第 i 个子系统的平均修复时间,即 $\overline{M}_{cti}$。

若子系统寿命服从指数分布,$\mathrm{MTBF}_i = 1/\lambda_i$,可得

$$A_i = \frac{1}{1 + \lambda_i \overline{M}_{cti}}$$

从而得到分配的平均修复时间为

$$\overline{M}_{cti} = \frac{1}{\lambda_i}(A_i^{-1} - 1) = \frac{1}{\lambda_i}(A_S^{-K_i} - 1) \tag{5-4}$$

例 5-1 设某串联系统由 4 个子系统组成,要求系统的可用度为 0.95,各子系统的元件总数和故障率见表 5-1,试分配各子系统的平均修复时间。

表 5-1 故障信息表

指标	子系统				总计
	1	2	3	4	
元件总数	1 000	2 500	4 500	6 000	14 000
故障率	0.001	0.005	0.01	0.02	0.036

解:将表中各值代入式(5-3),可得各子系统的可用度分别如下:

$$A_1 = 0.95^{1\,000/14\,000} = 0.996\,3$$

$$A_2 = 0.95^{2\,500/14\,000} = 0.990\,9$$

$$A_3 = 0.95^{4\,500/14\,000} = 0.983\,6$$

$$A_4 = 0.95^{6\,000/14\,000} = 0.978\,3$$

再将各子系统分配的可用度分别代入式(5-4),分别得到各子系统分配的平均修复时间为

$$\overline{M}_{ct1} = \frac{1}{0.001} \times \left(\frac{1}{0.996\,3} - 1\right) \mathrm{h} = 3.671\ \mathrm{h}$$

$$\overline{M}_{ct2} = \frac{1}{0.005} \times \left(\frac{1}{0.990\,9} - 1\right) \mathrm{h} = 1.840\ \mathrm{h}$$

$$\bar{M}_{ct3} = \frac{1}{0.01} \times \left(\frac{1}{0.9836} - 1\right) \text{h} = 1.662 \text{ h}$$

$$\bar{M}_{ct4} = \frac{1}{0.02} \times \left(\frac{1}{0.9783} - 1\right) \text{h} = 1.111 \text{ h}$$

由上述计算结果分析可知,子系统 1 的结构简单、可靠性高,其分配的平均修复时间为 3.671 h,而子系统 4 的结构相对复杂、可靠性偏低,但分配给它的平均修复时间为 1.111 h,这说明该分配方法具体分配的是可用度,最终以平均修复时间来体现,所以出现了子系统结构简单,但分配的平均修复时间反而较长的情况。

4. 相似产品分配法

装备的设计和研制都是有一定继承性的,因此可以借用已有装备的维修性信息,作为新研制或改进装备维修性分配的依据。

根据现役相似装备的维修性数据,为新研制装备分配维修性指标。仍以平均修复时间分配为例,设新研制装备(系统)的平均修复时间为 $\bar{M}_{ct}$,其第 i 个子系统分配的平均修复时间为 $\bar{M}_{cti}$,其分配模型如下:

$$\bar{M}_{cti} = \frac{\bar{M}'_{cti}}{\bar{M}'_{ct}} \bar{M}_{ct} \tag{5-5}$$

式中:$\bar{M}'_{ct}$——现役相似装备(系统)的平均修复时间;

$\bar{M}'_{cti}$——第 i 个子系统的平均修复时间。

5. 回归分析法

该方法通过试验或收集现场维修性分配数据,进行回归分析,建立相应数学模型。由于该方法有相应著作专门详细介绍,这里不再细述,具体应用时可以参阅相关文献。

5.2 维修性预计

在装备研制或改进过程中,需要进行维修性设计,但能否达到规定的要求,是否需要进一步的改进,这就要开展维修性预计,从而估计在给定工作条件下的维修性参数。

5.2.1 目的与作用

预计的目的是,预先估计装备的维修性参数值,了解其是否满足规定的维修性指标以便对维修性工作实施监控。其具体作用如下:

(1)预计装备设计或设计方案可能达到的维修性水平,了解其能否达到规定的指标,以便做出研制决策。

(2)及时发现维修性设计及保障方面的缺陷,作为更改装备设计和保障要求的依据。

(3)在装备研制过程中需要更改设计或保障要素时,估计其对维修性的影响,以便采取适当对策。

预计是一种分析性工作,它可以在装备试验之前、制造之前乃至详细的设计完成之前,对其可能达到的维修性水平做出估计。尽管这种估计往往有很大的误差,不是验证的有力证据,但可以为决策者进行早日决策、避免盲目设计提供参考。

5.2.2 预计方法之单元对比法

单元对比法以研制装备中维修性参数已知的可更换单元作为基准,其他可更换单元与其进行对比,估计出相应的维修性参数,进而确定整个装备的维修性参数。

1. 适用范围

由于单元对比法不需要更多的具体设计信息,它适用于各类装备方案阶段的早期预计,不仅可以预计修复性维修参数,还可预计预防性维修性参数,即平均修复时间 $\overline{M}_{ct}$、平均预防维修时间 $\overline{M}_{pt}$ 及平均维修时间 $\overline{M}$ 等参数。

2. 预计的基础条件

(1)在规定维修级别可更换单元的清单。

(2)各可更换单元相对复杂程度。

(3)各可更换单元维修性参数相对量值。

(4)各预防性维修单元的维修频率相对量值。

3.预计模型

1)平均修复时间 $\bar{M}_{ct}$

$$\bar{M}_{ct} = \bar{M}_{ct0} \sum_{i=1}^{n} k_i h_{ci} / \sum_{i=1}^{n} k_i \qquad (5-6)$$

式中:$\bar{M}_{ct0}$——基准可更换单元的平均修复时间;

n——组成装备的可更换单元数;

k_i——第 i 个可更换单元的相对故障率系数,它是第 i 个可更换单元估计的故障率 λ_i 与基准单元故障率 λ_0 的比值,即 $k_i = \lambda_i / \lambda_0$,一般通过比较其设计特性给出估计值;

h_{ci}——第 i 个可更换单元的相对修复时间系数,其估计方法如下:

将维修事件分成定位故障单元、拆卸故障单元、安装正常单元以及调校正常单元 4 项活动,通过对比其基准单元的 4 项活动的修复时间系数 h_{0i},且 $h_0 = h_{01} + h_{02} + h_{03} + h_{04}$,分别预计各项修复活动的时间系数,最后得出可更换单元的修复时间系数,即

$$h_{ci} = h_{i1} + h_{i2} + h_{i3} + h_{i4} \qquad (5-7)$$

h_{ij} 由第 i 个预计单元第 j 项修复活动时间与基准单元第 j 项修复时间的比值,以及基准单元第 j 项修复活动时间系数确定,即

$$h_{ij} = (t_{ij} / t_{oj}) h_{oj} \qquad (5-8)$$

2)平均预防维修时间 $\bar{M}_{pt}$

$$\bar{M}_{pt} = \bar{M}_{pt0} \sum_{i=1}^{m} l_i h_{pi} / \sum_{i=1}^{m} l_i \qquad (5-9)$$

式中:$\bar{M}_{pt0}$——基准单元的平均预防维修时间;

m——组成装备的预防维修单元数;

l_i——第 i 个预防维修单元的相对预防维修频率系数,它是第 i 个预防维修单元估计的维修频率 f_i 与基准单元预防维修频率 f_0 的比值,即 $l_i = f_i / f_0$,若基准单元的预防维修频率为 0,不能按此公式进行估计,一般也通过比较其设计特性给出估计值;

h_{pi}——第 i 个预防维修单元的相对维修时间系数,其估计方法与 h_{ci} 类似,这里不再细述。

3)平均维修时间 $\bar{M}$

$$\bar{M} = (\bar{M}_{ct0} \sum_{i=1}^{n} k_i h_{ci} + \bar{M}_{pt0} \sum_{i=1}^{m} l_i h_{pi}) / (\sum_{i=1}^{n} k_i + \sum_{i=1}^{m} l_i) \qquad (5-10)$$

由以上 3 个预计模型可以看出,其模型组成因素及形式与装备维修性参

数计算模型基本一致。

4. 预计程序

(1) 确定各维修级别上的可更换单元,包括修复性维修和预防性维修单元。

(2) 选择基准单元。要求基准单元的维修性参数已知或能够较准确预测,并与其他单元在可靠性、维修性方面有明显的可比性,修复性维修和预防性维修基准单元可以是同一个单元,也可以分别选取。

(3) 估计给出预计模型的系数,即 k_i、l_i 及 h_i。

(4) 应用模型预计装备的各维修性参数,即 $\overline{M}_{ct}$、$\overline{M}_{pt}$ 以及 $\overline{M}$。

5.2.3 预计方法之时间累计法

时间累计法根据历史经验或现成的数据、图表,对照装备的设计或设计方案和维修条件,逐个确定每个维修项目、每个维修项目的各项维修工作、每项维修工作的具体维修活动乃至每项维修活动的具体维修作业的时间或工时,然后综合累加或求均值,最后预计出装备的维修性参数。

1. 适用范围

时间累计法主要用于预计电子装备在各个维修级别的维修性参数,若要用于其他装备的维修性参数,则需要进行修正和补充。

2. 预计的基础条件

(1) 主要更换单元(Replacement Unit,RU)的目录表及数量。
(2) 各个 RU 的故障率或维修频率。
(3) RU 故障检测隔离的基本方法(如机内自测、外部测试以及人工隔离等)。
(4) 故障隔离到一组 RU 的更换方案(如全部更换或采用交替更换方法继续隔离)。
(5) 估计或要求的隔离能力,即故障隔离到单个 RU 的隔离率或隔离到一组 RU 的平均规模(由数个 RU 组成)。

3. 预计模型

该方法主要区分维修项目的作业类型,即串行作业或并行作业。

若是串行作业,则采用累加模型,即

$$M = M_1 + M_2 + \cdots + M_i + \cdots + M_n \tag{5-11}$$

式中：n——维修项目（工作、活动或作业）数量；

M_i——每项维修项目（工作、活动或作业）的时间或工时量。

若是并行作业，则采用均值模型，即

$$\bar{M} = \sum_{i=1}^{n} M_i / n \tag{5-12}$$

式中：n——维修项目（工作、活动或作业）数量；

M_i——每项维修项目（工作、活动或作业）的时间或工时量。

若是串并行混合作业，则综合采用累加或均值模型，具体维修项目进行具体分析应用。

4. 预计程序

(1) 确定预计要求，包括需要预计的维修性参数、预计的程序、基本规则以及预计所确定维修级别的保障条件及能力。

(2) 确定更换方案，包括不同维修级别的可更换单元以及具体的更换方法，如全部更换、成组更换或交替更换。

(3) 确定预计数据，在给出预计基本条件的基础上，进一步确定预计所需要的基础数据。

(4) 选择预计的数学模型，要求根据维修项目（工作、活动或作业）实际情况选择或修正预计数学模型。

(5) 进行维修性参数预计，即根据上述描述思路方法，采用相应模型，由下而上逐层计算，最终预计出所确定的维修性参数。

5.2.4 预计方法之回归分析法

应用该方法的基本思路与维修性分配一致，只是选用数据不同，这里不再细述。

5.3 维修性分析

5.3.1 维修性分析的意义及目的

维修性分析是一项非常重要、非常广泛的维修性工作，涉及装备研制生产以及使用过程中的所有与维修性相关的分析工作。狭义的维修性分析主要解决研制生产过程中的维修性相关问题,主要包括参数、指标的分析论证,指标的分配、预计,设计方案的分析权衡,具体设计特征的分析检验以及试验结果的分析等。其目的可以归纳为以下几方面:
(1)为制定维修性设计准则提供依据。
(2)进行备选方案的权衡研究,为设计决策创造条件。
(3)评估并验证设计是否符合维修性设计要求。
(4)为确定维修策略和维修资源提供数据。

5.3.2 维修性分析的主要内容

要进行维修性分析,至少要确定来自订购方和承制方两方面的信息。订购方信息主要通过合同文件、技术指标、论证报告等提供的维修性要求和各类约束条件;承制方信息主要来自各项研究与工程活动,包括可靠性分析、人素工程分析、安全性分析以及费用分析结果等。由此可见,维修性分析的内容与对象是很广泛的,可归结为维修性信息分析、维修性权衡分析和设计特征分析等三方面。

1. 维修性信息分析

维修性信息分析主要通过故障模式及影响分析(Fault Mode and Effectiveness Analysis,FMEA)来实现,并在此基础上结合装备具体结构,确定装备维修的具体活动和作业,从而评估维修的难易程度、估计所需的时间以及各种维修资源,最终对装备维修性做出评价。

2. 维修性权衡分析

维修性权衡分析涉及很多内容,主要有以下3项。
(1)维修性指标分配中的权衡,可使装备维修性指标分配得合理可行。
(2)维修性及可靠性的权衡,主要以装备可用度以及维修资源为约束条件,以费用为目标进行分析。
(3)设计特性与维修资源的权衡,即为了达到装备的维修性要求,可以从改进设计角度考虑,也可以从优化其维修资源角度考虑,两者要综合权衡分析。

3. 设计特征分析

在进行装备结构设计、拆装设计、外形设计、可更换单元设计以及测试点设置时,要从装备维修性以及装备人素工程去分析、考察这些设计特性是否可行,并同时考虑装备的可靠性、测试性以及安全性等内容。特别地,还要考虑意外损坏修复的便捷性。

5.3.3 维修性分析主要方法

维修性分析采用定性与定量相结合的方法,目的不同、项目不同,所采用的具体方法也有差别,其方法主要有以下几种。

1. 维修性模型法

该方法就是应用第4章介绍的维修性相关模型,通过将复杂装备的维修和维修性问题简化为功能流程图、框图或数学模型,再进行定量分析,从而完成维修性的分配、预计,具体设计方案的权衡以及各指标的优化等工作。

2. 可视化分析法

该方法主要解决设计特征的维修性分析问题,即维修性设计特征的可视化,它区别于实体模型、样机或人员的实际操作,主要利用计算机软硬件平台建立装备的"虚拟样机"和人体模型,通过三维图形、图像以及动画技术来模拟维修操作或过程,并能够根据实际需要进行各种活动或作业的演示,最终完成设计特征的维修性分析。要进行设计特征可视化分析,需要做以下几项主要工作:

(1) 建立(或选用)装备及其维修工具(设备)的三维模型,并定义工具(设备)的运动方式或路径,也可给出运动数学模型。

(2) 建立(或选用)典型尺寸的人体模型,定义不同的肢体动作,给出其动作模型,且相关测量学数据可以根据需要进行调整。利用这些模型和相关软件就可以将人体及其肢体静态和动态所占空间显示出来,为设计特征分析提供可视化手段。

(3) 建立分析对象的维修活动(作业)的具体程序,给出人体、工具(设备)以装备的动作路线(运动轨迹),为虚拟操作演示提供基础数据。

(4) 在相关平台演示维修活动(或作业),并进行分析评估,以可视化的方式分析装备维修性设计特征(最典型的特征就是维修可达性),还可对维修时间甚至维修费用进行分析估计。

3. 寿命周期费用法

寿命周期费用是装备研制过程最主要的决策参数之一,也是较为敏感的参数,几乎任何一次决策都会对其产生影响。不同的装备维修性设计方案,其对应的寿命周期费用会有很大差别,该方法就是在这两者之间权衡,提出经济、有效的维修性设计方案。关于寿命周期费用的估算,有专门的文献给出了详细的方法,这里不再细述。

4. 风险分析法

该方法就是在维修性分析过程中,通过预估分析因决策偏差可能带来的风险,并将其降低到最低程度。风险的出现主要是因为决策参量存在不确定性,最终可能导致分析结果出现不确定性,导致风险发生。风险分析方法主要有以下两种。

1) 灵敏度分析

通过灵敏度分析,可以研究各个输入参数在什么范围内变化可以不影响维修性分析的结果,超出这个范围后会出现什么结果,还可以确定增加一个或几个约束条件后,维修性分析的结果会发生什么样的变化。

2) 置信区间分析

对维修性分析中所涉及的估计参数应用统计学方法给出置信区间,表示所估计的参数以某种概率包含在该区间内,从而确定使用该参数所带来的风险。

5. 对比分析法

对比分析法就是利用新、旧装备之间或不同装备某些组成部分存在的相似性,进行维修性对照分析,并对新装备的维修性进行评价,在装备维修性分配、预计以及设计特征分析中广泛应用。应用该方法时,既要考虑到装备之间的相似性与继承性,又要考虑到新装备的先进性,应该对相似装备的维修性参数值加以修正。

6. 综合权衡法

该方法通过定性分析与定量分析相结合,综合考虑各个因素,从不同方面、不同角度进行装备的维修性权衡分析,力求给出最优的维修性设计方案。

5.4 维修性试验

维修性试验是装备研制、生产和使用过程中所进行的各种试验工作的一部分,也是极为重要的维修性工作。为了提高维修性试验效率和节省试验费用,并确保试验结果的准确性,研制、生产过程中的维修性试验应该与装备功能试验、可靠性试验结合进行，必要也可以单独进行。

5.4.1 试验目的

维修性试验虽然贯穿于装备全寿命周期，且各阶段的目的不同，其主要有以下三方面。

1. 考核和验证装备的维修性

严格来讲，装备维修性应当在实际使用过程中、在全真实的使用条件下，通过全寿命周期来的维修实践来考核验证，但这种情况很明显是不现实的，也是很难实现的。在装备研制和生产过程中，采用统计试验的方法，则可以较好地对装备的维修性是否符合相关要求做出判定，让装备承制方和装备订购方对装备的维修性都做到"心中有数"。

2. 发现和鉴别装备维修性设计缺陷

由于装备研制过程中对其维修性的分析存在很多不确定因素，会遇到诸多意想不到的风险，也会导致装备维修性设计的缺陷，而在装备研制过程，通过各种形式的核查，可以及时发现问题，提出改进建议，使装备维修性设计更完善，维修性得到增长，最终达到规定要求。

3. 评价装备有关的维修要素

在装备维修性试验的同时，对其维修要素（包括维修人员、技术文件、备件、工具、设备、设施以及计算机资源等）也是一次考核验证，同样可以发现其存在的不足之处，为其改进和完善提供有益支持。

5.4.2 试验分类

根据装备维修性试验开展的时机、目的以及要求，可将维修性试验分为维修性核查、维修性验证以及维修性评价等三类。

1. 维修性核查

维修性核查是装备研制过程中的工程试验，是承制方实现装备的维修性要求，自签订装备研制合同之日起，贯穿于从零部件、部组件、功能单元、分系统、系统的整个研制过程，都要进行的维修性试验工作。其目的是检查与修正进行维修性分析与验证所用的模型及数据，鉴别设计缺陷，以便采取纠正措施，使维修性不断增长，保证满足规定的维修性要求和便于以后维修性验证。

2. 维修性验证

维修性验证是一种正规的严格的检验性的试验,是为了明确装备是否达到规定的维修性要求,由指定的试验机构进行的或由订购方与承制方联合进行的试验工作。该验证工作主要在设计定型、生产定型阶段进行,必要时也可以在其他阶段进行。其目的是全面考核装备是否达到维修性要求,验证结果将作为装备定型的依据。

3. 维修性评价

维修性评价是指装备使用部门(订购方)在承制方配合下,为确定装备在实际使用及维修条件下的维修性所进行的试验与评定工作,通常在装备试用及装备使用阶段进行。评价的对象是已经部署的装备或与其等效的样机,主要考核实际使用中的维修作业,所以不用进行故障模拟,相关数据均为统计的实际数据。其目的是确定装备部署以后的实际使用时的维修性,并明确实际使用条件对装备维修性的影响,检查维修性验证中所暴露的维修性设计缺陷的纠正情况。

5.4.3 试验方案

1. 选用试验方法

《维修性试验与评价》(GJB 2072—1994)中规定了 11 种维修性统计试验方法,可以根据对维修性参数、风险率、维修时间分布等具体要求选择对应方法,在保证不超过订购方风险的条件下,尽量选择试验样本小、费用低、时间短的方法。具体方法的选择由订购方和承制方商定,或由承制方提出具体方法经订购方同意。

2. 确定试验样本量

维修性统计试验中所进行的维修作业,每一次维修算作一个样本。样本量足够才能体现总体维修性水平。样本量的大小可以选用经验值,也可以按照选用统计试验方法中的模型计算确定。

3. 选择与分配维修作业样本

1)维修作业样本选择

被选择的维修作业样本应与实际使用中的维修作业保持一致。对于修复性维修试验,有以下两种故障导致的维修作业:

(1) 自然故障导致的维修作业：若其次数满足所选用统计试验方法的样本量要求，则优先将其作为维修性试验样本。

(2) 模拟故障导致的维修作业：若自然故障产生的维修作业样本量不能满足所选用统计试验方法要求，则通过模拟故障产生维修作业样本来补足样本量。实际试验过程中，为了缩短试验时间，经承制方和订购方商定，也可全部采用模拟故障产生维修作业样本。

预防性维修作业样本按维修大纲规定的项目、工作类型及维修间隔期进行确定。

2) 维修作业样本分配

自然故障产生的维修作业样本量满足要求时，不需要进行样本分配。模拟故障产生维修作业样本时，要考虑整机的维修性，需要合理地模拟故障，保证各有关零部件均被涉及。若采用固定样本量进行试验，则按比例分层抽样法进行维修作业分配；若采用可变样本量进行试验，则按故障率百分比随机抽样法进行分配。

4. 模拟与排除故障

1) 故障模拟

不同类型的装备或装备的分系统，其故障模拟方法可以根据其故障模式及原因进行模拟。常用方法有以下 3 种：

(1) 用故障件代替正常件。

(2) 接入或拆掉不易察觉的零部件或连接线。

(3) 让可调零部件失调移位。

故障模拟应尽量接近自然故障，必须保证人员及装备的安全，模拟过程中，参试人员回避。

2) 故障排除

故障须由经过专业训练的维修人员排除。完成故障检测、隔离、拆卸、换件或修复原件、调试及检验的所有活动，称为一次维修作业。要求不同级别的维修作业，必须按照本级维修标准和要求进行，不得越级使用工具和随意更改维修条件。

5. 统计样本并验证评价

根据选用统计试验方法确定的样本量，完成所有维修作业后，统计其规定样本数量的维修性参数，采用对应方法进行验证评价。下面介绍两种常用的统计试验评价法。

1) 固定样本量法

均值的假设检验是建立在大数定律基础上的,要有足够大的样本量才能保证样本或样本对数以很大的概率接近数学期望。该方法要求样本量大于或等于 30,具体样本量由订购方与承制方协商确定。

(1)使用条件。

(a)验证修复性维修时间 $\bar{M}_{ct}$、预防性维修时间 $\bar{M}_{pt}$ 以及维修时间 $\bar{M}$ 均值时,假设时间分布和方差都未知;验证最大修复时间 M_{mct} 时,假设维修时间服从对数正态分布且方差未知。

(b)维修时间定量指标的不可接受值应按合同规定,对于最大修复时间还应规定其百分位(即其对应的维修度大小)。

(c)只控制订购方的风险 β,其数值由合同规定。

(2)统计计算。统计的样本量最小为 30,实际样本量应根据受试对象的种类,经订购方同意后确定。

(a)修复性维修时间统计计算。修复性维修时间样本均值 $\bar{X}_{ct}$ 计算公式为

$$\bar{X}_{ct} = \sum_{i=1}^{n_c} X_{cti}/n_c \tag{5-13}$$

式中:X_{cti}——第 i 次修复性维修时间;

n_c——修复性维修作业样本量。

修复性维修时间样本方差 $\hat{\sigma}_{ct}^2$ 计算公式为

$$\hat{\sigma}_{ct}^2 = \sum_{i=1}^{n_c} (X_{cti} - \bar{X}_{ct})^2/(n_c - 1) \tag{5-14}$$

(b)预防性维修时间统计计算。预防性维修时间样本均值 $\bar{X}_{pt}$ 计算公式为

$$\bar{X}_{pt} = \sum_{i=1}^{n_p} X_{pti}/n_p \tag{5-15}$$

式中:X_{pti}——第 i 次预防性维修时间;

n_p——预防性维修作业样本量。

预防性维修时间样本方差 $\hat{\sigma}_{pt}^2$ 计算公式为

$$\hat{\sigma}_{pt}^2 = \sum_{i=1}^{n_p} (X_{pti} - \bar{X}_{pt})^2/(n_p - 1) \tag{5-16}$$

(c)维修时间统计计算。维修时间均值 $\bar{X}_t$ 计算公式为

$$\bar{X}_t = (n_c \bar{X}_{ct} + n_p \bar{X}_{pt})/(n_c + n_p) \tag{5-17}$$

维修时间方差 $\hat{\sigma}_t^2$ 计算公式为

$$\hat{\sigma}_t^2 = (n_c \hat{\sigma}_{ct}^2 + n_p \hat{\sigma}_{pt}^2)/(n_c + n_p) \tag{5-18}$$

(d)最大修复时间统计计算公式为

$$X_{mct} = \exp\left[\frac{\sum_{i=1}^{n_c} \ln X_{cti}}{n_c} + \psi \sqrt{\frac{\sum_{i=1}^{n_c}(\ln X_{cti})^2 - (\sum_{i=1}^{n_c}\ln X_{cti})^2/n_c}{n_c - 1}}\right]$$
$$\tag{5-19}$$

式中:

$$\psi = Z_p - Z_\beta \sqrt{1/n_c + Z_p^2/2(n_c-1)}$$

当 n_c 很大时:

$$\psi \approx Z_p$$

式中:Z_p——对应于概率百分位 p 的正态分布分位数,可由标准正态分布分位数表查得;

Z_β——对应于订购方风险 β 的正态分布分位数。

(3)评价准则。为了对装备维修性指标是否符合要求做出评价,可以运用假设检验理论。以装备平均修复性维修时间为例,要求其修复性维修时间样本均值 $\bar{X}_{ct}$ 不大于合同规定的指标 $\bar{M}_{ct}$。用假设检验理论描述为

原假设 $\quad H_0:M_c < \bar{M}_{ct}$

备选假设 $\quad H_1:M_c = \bar{M}_{ct}$

式中:M_c——修复性维修时间的数学期望,在大样本条件下,可以用样本均值 $\bar{X}_{ct}$ 近似。

由中心极限定理,在 H_1 成立的条件下 $(\bar{X}_{ct} - \bar{M}_{ct})/(\hat{\sigma}_{ct}/\sqrt{n_c})$ 服从标准正态分布,即有

$$(\bar{X}_{ct} - \bar{M}_{ct})/\hat{\sigma}_{ct}/\sqrt{n_c} \sim N(0,1)$$

由于该方法只控制订购方风险 β,即受试装备维修性指标的期望值大

(劣)于或等于不可接受值而被接受的概率。定义 $\bar{X}_U$ 为修复性维修时间样本均值可接受的上限,则有

$$\varphi\left[(\bar{X}_U - \bar{M}_{ct})/(\hat{\sigma}_{ct}/\sqrt{n_c})\right] = \beta$$

$$(\bar{X}_U - \bar{M}_{ct})/(\hat{\sigma}_{ct}/\sqrt{n_c}) = Z_\beta$$

$$\bar{X}_U = \bar{M}_{ct} - Z_{1-\beta}\hat{\sigma}_{ct}/\sqrt{n_c}$$

由此可以得到修复性维修时间样本均值的接受域为

$$\bar{X}_{ct} \leqslant \bar{M}_{ct} - Z_{1-\beta}\hat{\sigma}_{ct}/\sqrt{n_c} \tag{5-20}$$

若满足上述条件,则被验证的平均修复时间符合要求,应予以接受,否则拒绝接受。同理可以得到预防性维修时间样本均值和维修时间均值的可接域分别为

$$\bar{X}_{pt} \leqslant \bar{M}_{pt} - Z_{1-\beta}\hat{\sigma}_{pt}/\sqrt{n_p} \tag{5-21}$$

$$\bar{X}_t \leqslant \bar{M} - Z_{1-\beta}\sqrt{n_c\hat{\sigma}_{ct}^2 + n_p\hat{\sigma}_{pt}^2}/\sqrt{n_c + n_p} \tag{5-22}$$

对最大修复性维修时间的可接受域为

$$X_{mct} \leqslant M_{mct} \tag{5-23}$$

2)动态样本量法

该方法与固定样本量法的主要区别在于其指标要求规定了维修时间均值的可接受值 M_0 和不可接受值 M_1,同时控制订购方风险 β 和承制方风险 α,而且样本量是根据维修时间样本的分布规律及双方风险值计算确定的,若计算值小于 30,则取样本量为 30。

(1)使用条件。

(a)若维修时间方差 σ^2 已知,或能由以往资料得到其适当精度的估计值 $\hat{\sigma}^2$,则假设时间样本独立同分布,且服从正态分布;若维修时间对数方差 σ_{ln}^2 已知,或能由以往资料得到其适当精度的估计值 $\hat{\sigma}_{ln}^2$,则假设时间样本独立同分布,且服从对数正态分布。

(b)时间均值的可接受值 M_0 和不可接受值 $M_1(M_0 < M_1)$ 按合同规定确定大小,工程实践中分别取合同指标规定值和最低可接受值。

(c)订购方风险 β 和承制方风险 α 按合同规定确定大小。

按上述使用条件,用假设检验描述为

第 5 章 维修性的技术理论

原假设 $H_0: M = M_0$，即当维修时间数学期望（可用大样本量时的均值代替）等于可接受值时，以 $(1-\alpha)$ 的高概率接受。

备择假设：$H_1: M = M_1$，即当维修时间数学期望（可用大样本量时的均值代替）等于不可接受值时，以 β 的低概率接受。

(2) 确定可接受上限 $\bar{X}_U$ 及样本量 n。

假设维修时间样本 $X_1, X_2, \cdots, X_n$ 是独立同分布的随机变量，且 $X_i \sim N(M, \sigma^2)$。令 P_M 表示维修时间数学期望（大样本量维修时间均值）为 M 时的接受概率，$\bar{X}_U$ 表示维修时间数学期望（大样本量维修时间均值）可以接受的上限，则按假设检验，有

$$M = M_0 \text{ 时}, P_{M_0}(\bar{X} \leqslant \bar{X}_U) = 1 - \alpha$$

则

$$P_{M_0}\left(\frac{\bar{X} - M_0}{\sigma/n} \leqslant \frac{\bar{X}_U - M_0}{\sigma/n}\right) = 1 - \alpha$$

$M = M_1$ 时：

$$P_{M_1}(\bar{X} \leqslant \bar{X}_U) = \beta$$

则

$$P_{M_1}\left(\frac{\bar{X} - M_1}{\sigma/n} \leqslant \frac{\bar{X}_U - M_1}{\sigma/n}\right) = \beta$$

由假设条件，可得

$$\varphi\left(\frac{\bar{X}_U - M_0}{\sigma/\sqrt{n}}\right) = 1 - \alpha$$

即

$$\frac{\bar{X}_U - M_0}{\sigma/\sqrt{n}} = Z_{1-\alpha}$$

于是

$$\bar{X}_U = M_0 + Z_{1-\alpha} \sigma/\sqrt{n} \tag{5-24}$$

同理，由 P_{M_1} 可以推导出

$$\bar{X}_U = M_1 - Z_{1-\beta} \sigma/\sqrt{n} \tag{5-25}$$

由式(5-24)和式(5-25)可得

$$n = \left(\frac{Z_{1-\alpha} + Z_{1-\beta}}{M_1 - M_0}\right)^2 \sigma^2 \qquad (5-26)$$

若假设维修时间样本 $X_1, X_2, \cdots, X_n$ 是独立同分布的随机变量，服从对数正态分布，即 $Y_i = \ln X_i \sim N(M_{\ln}, \sigma_{\ln})$，$M_{\ln}$ 和 $\sigma_{\ln}$ 分别为其时间对数的数学期望（或大样本量均值）和方差。经过类似推导，可得样本对数上限 $\overline{Y}_U$ 及样本量 n 的计算公式为

$$\overline{Y}_U = M_{\ln}^0 + Z_{1-\alpha} \sigma_{\ln}/\sqrt{n} \qquad (5-27)$$

$$\overline{Y}_U = M_{\ln}^1 - Z_{1-\beta} \sigma_{\ln}/\sqrt{n} \qquad (5-28)$$

$$n = \left(\frac{Z_{1-\alpha} + Z_{1-\beta}}{M_{\ln}^1 - M_{\ln}^0}\right)^2 \sigma_{\ln}^2 = \left(\frac{Z_{1-\alpha} + Z_{1-\beta}}{\ln M_1 - \ln M_0}\right)^2 \sigma_{\ln}^2 \qquad (5-29)$$

式中：$M_{\ln}^0$——维修时间可接受值的对数；

$M_{\ln}^1$——维修时间不可接受值的对数。

(3)统计计算。各维修性时间参数的统计计算与固定样本量法一致，这里不再细述。

(4)评价准则。根据维修时间可接受上限值公式，可以得到其可接受域分别为

$$\overline{X} \leqslant \overline{X}_U = M_0 + Z_{1-\alpha} \sigma/\sqrt{n} \qquad (5-30)$$

$$\overline{Y} \leqslant \overline{Y}_U = M_{\ln}^0 + Z_{1-\alpha} \sigma_{\ln}/\sqrt{n} \qquad (5-31)$$

若符合要求，则接受；否则，则拒绝。

参 考 文 献

[1] 陈学楚.维修基础理论[M].北京:科学出版社,1998.
[2] 徐宗昌.军用装备维修工程学[M].北京:兵器工业出版社,2002.
[3] 甘茂治,康建设,高崎.军用装备维修工程学[M].北京:国防工业出版社,2010.
[4] 陈学楚.装备系统工程[M].北京:国防工业出版社,1995.
[5] 杨为民.可靠性・维修性・保障性总论[M].北京:国防工业出版社,1995.
[6] 徐维新.维修工程学[M].北京:电子工业出版社,1992.
[7] 章国栋,陆廷孝,屠庆慈,等.系统可靠性与维修性的分析与设计[M].北京:北京航空航天大学出版社,1990.
[8] 陆廷孝,郑鹏洲.可靠性设计与分析[M].北京:国防工业出版社,1995.
[9] 何国伟.可靠性试验技术[M].北京:国防工业出版社,1995.
[10] 甘茂治.维修性设计与验证[M].北京:国防工业出版社,1995.